JÖRG STREHLOW

ANGELN NACHHALTIG UND ÖKOLOGISCH

In der Natur für die Natur

KOSMOS

Inhalt

1. Autor Jörg Strehlow mit einem kapitalen Zander. Solche Fänge sind in Zukunft nur möglich, wenn unser Bewusstsein für Fisch und Natur schärfer wird.

2. Angler bekommen das Rundum-Sorglospaket: Frische Luft, atemberaubende Landschaften, Entschleunigung und leckeren Fisch.

Auf das Morgen

Ich bin ein Kind des Rheins. In den 1970er- und 80er-Jahren war er mein Spielplatz, mein Sehnsuchtsort.

Und er war der Fluss, an dem ich das Angeln gelernt habe. Damals war alles anders: Setzkescher voller Brassen schwappten in den Wellen, lebende Köderfische waren der Hechtköder Nummer 1 und der Gaffhaken hing griffbereit, um jeden größeren Fisch an Land zu zerren. Aale gab es in Massen, ganze Bündel wanderten mit nach Hause und in die alte, rostige Räuchertonne. Es war selbstverständlich, dass jeder Fisch verwertet wurde. Und wenn er doch einmal zurück ins Wasser glitt, dann nur, weil er stank oder sein Körper von Geschwüren übersät war.

Heute blicke ich zurück und weiß: Vieles von dem, was uns damals normal erschien, war falsch. Und dennoch erkenne ich, wie weit wir seither gekommen sind. Das selektive Zurücksetzen von Fischen ist nicht mehr tabu, sondern es ist gelebte Verantwortung. Wir diskutieren täglich über waidgerechte Methoden, über Mindestmaße, Küchenfenster, Baglimits und Schonzeiten. Wir haben verstanden, dass ein umsichtig zurückgesetzter Fisch nicht verloren geht, sondern bewahrt bleibt. Für das Ökosystem. Für uns. Für die Zukunft. Das sind echte und feine Fortschritte.

Aber die Bemühungen der letzten Jahre reichen nicht. Besonders schmerzhaft wird mir das bewusst, wenn ich an meine beiden Herzensfische Aal und Dorsch denke. Beide haben meine Kindheit und Jugend geprägt, beide haben mir unvergessliche Sternstunden geschenkt. Heute sind ihre Bestände auf einem Tiefpunkt und sie kämpfen ums nackte Überleben. Ich könnte Seiten füllen mit Fangmethoden, Montagen und Erinnerungen – aber ich tue es nicht. Dieses Buch will nach vorn schauen. Darum findet ihr hier keine Fangtipps auf Aal und Dorsch. Was wir lieben, dürfen wir nicht vollends zugrunde richten.

Ein Blick in die Angelläden zeigt, dass wir Angler Teil des Problems sind. Regalwände voller glitzernder Köder, verpackt in großzügigen Blistern. Stapelweise Plastik, das oft schon nach dem ersten Einsatz im Wasser verschwindet. Gummiköder liegen tonnenweise am Grund unserer Gewässer, unbemerkt, vergessen. Bis sie als Mikroplastik zurückkommen, in den Mägen von Fischen, Vögeln und letztlich auch bei uns. Ja, es gibt erste Hersteller, die neue Wege gehen, mit abbaubaren Materialien oder recycelbaren Verpackungen. Aber wäh-

Erfolgreiche Angler sind immer auch leidenschaftliche Beobachter und Versteher der Natur.

rend wir uns über solche Lichtblicke freuen, drohen unsere Flüsse und Seen, und vor allem die Weltmeere, gleichzeitig im Plastikmüll zu ersticken. Nie war die Verantwortung, die wir Angler tragen, größer als heute. Nie war nachhaltiges Handeln wichtiger. Es geht nicht darum, auf das Glück des Fangens zu verzichten. Es geht darum, Maß zu halten. Uns ehrlich selbst zu fragen: Brauche ich wirklich noch den nächsten Kunstköder im Blister? Muss jeder Fisch zum Foto-Objekt werden, nur um dann doch vergessen zu sein? Oder reicht es nicht, viel öfter den Moment still zu genießen? Und den Fisch manchmal wieder ziehen zu lassen?

Wenn ich heute mit meinem Sohn am Wasser stehe, sehe ich den Rhein und mein heutiges Hausgewässer, die Elbe, mit seinen Augen: die Farben, das Lichtspiel der Wellen, das Rauschen der Strömung an den Buhnen. Ich wünsche mir so sehr, dass er auch als Erwachsener noch eine Gewässerlandschaft erlebt, die riecht, klingt und leuchtet wie heute. Oder vielleicht sogar noch reicher ist an Vielfalt und an Leben.
Ob wir das schaffen? Vielleicht. Aber nur dann, wenn wir die Wahrheit nicht länger leugnen. Wenn wir nicht so tun, als sei der Klimawandel ein fernes Phänomen. Er ist doch längst da! Im Niedrigwasser des Sommers, in den verschwundenen Insekten, in den Fischen, die wir nicht mehr fangen, und in den Hochwasserkatastrophen, die uns quasi über Nacht heimsuchen. Das Artensterben ist kein abstrakter Begriff, sondern der Abschied von unseren vertrauten und geliebten Begleitern seit Kindertagen. Dieses Buch ist mein Versuch, euch für ein anderes Angeln zu gewinnen. Für ein Angeln, das nicht nur Fische fängt, sondern Zukunft bewahrt. Für ein Angeln, das Freude schenkt, ohne zu zerstören. Wenn ihr bereit seid, Verantwortung zu übernehmen, dann haltet ihr das richtige Buch in den Händen.
In eigener Sache: Ich habe (und hatte) viele Partner in der Angelbranche, auf deren Nennung ich in diesem Buch bewusst verzichte. Werbung (und sei es auch für sinnvolle Dienste und Produkte) polarisiert und führt zum Gegenteil dessen, was wir gemeinsam versuchen sollten, zu erreichen. Aus diesem Grund gendere ich im Text auch nicht. Danke für euer Verständnis! Danke auch meiner Frau Kerstin, die mir stets den Rücken freihält, um solche Ziele wie dieses Buch zu verwirklichen. Und unserem Sohn Jurij, der auf vielen Fotos zu sehen ist - weil wir unsere gemeinsame Zeit oft und gerne am Wasser verbringen.

„Blicke in die schöne Natur und beruhige dein Gemüt“ – halten wir es doch einfach mit Ludwig van Beethoven!

Angeln ist so viel mehr als Fische fangen – ein Sonnenuntergang auf einem riesigen, zugefrorenen finnischen See zum Beispiel …

Warum Angeln?

Angeln ist Entschleunigung. Eine Einladung, den Lärm des Alltags hinter sich zu lassen und in einen Rhythmus einzutauchen, der unserem Körper und Geist guttut.

BALSAM FÜR DIE SEELE

Nebel liegt über der Wasseroberfläche, die Welt wie angehalten. Keine Mails, kein Telefon, keine Termine. Nur ich, die Rute und die Hoffnung auf einen Zander. Solche Augenblicke sind es, die mich erden. Beim Angeln verlangsamt sich der Puls, die Gedanken ordnen sich von selbst. Manche nennen das Flow, ich nenne es Ankommen. Wer mit wachem Blick den Fluss liest, Strömungen erkennt und seinen Köder führt, hat keinen Platz für Sorgen. Er lebt gesunde Achtsamkeit. Angeln bedeutet Bewegung, aber ohne Druck. Keine Fitnessgeräte, keine schweißtreibenden Übungen. Stattdessen gehen wir ans Wasser, laufen am Ufer entlang, wechseln Stellen, klettern über Buhnenköpfe oder stehen einfach eine Weile nur so im Flachwasser herum. Wer an einem Angeltag etliche Kilometer zurücklegt, merkt das kaum. Hier, am Wasser, fühlt sich Bewegung leicht an und macht uns auf angenehme Art müde. Denn das Angeln fordert, ohne zu überfordern. Es hält Gelenke geschmeidig, stärkt Muskeln und sorgt dafür, dass wir draußen sind. Stunden am Wasser bedeuten automatisch mehr Sauerstoff, mehr Licht, mehr natürliche Eindrücke. Schon wenige Minuten in der Natur senken den Stresshormonspiegel deutlich. Angler verbringen oft das Zehnfache davon draußen – und das regelmäßig.

MENTALE STÄRKE DURCH GEDULD

Viele Menschen leiden darunter, dass sie sofortige Erfolge erwarten. Sei es beim Sport, im Job oder sogar in der Beziehung. Angeln lehrt uns Geduld. Manchmal dauert es Stunden, bis sich etwas tut. Aber genau das macht es so wertvoll. Wir bleiben im Moment, ohne permanent Ergebnisse zu fordern. Diese Haltung überträgt sich unmerklich auf andere Lebensbereiche. Beim Angeln entsteht Gelassenheit, die den Blutdruck senken kann oder sogar Schlafprobleme überwindet. Am Wasser lassen wir den Alltag hinter uns, und selbst wenn kein Fisch beißt, kehren wir erholt zurück. Der Fang ist schön, spannend, motivierend. Doch der Weg dahin, der ist der eigentliche Gewinn. Und das Beste ist: Du brauchst dafür nur eine Rute, ein Gewässer und die Bereitschaft, dir Zeit zu nehmen.

In der Natur für die Natur – mehr Gesundheitsprogramm geht nicht.

ANGELN IST MEDIZIN OHNE REZEPT

Gewiss, Angeln ist kein Ersatz für den Arzt. Aber es ist Teil einer Lebensweise, die Körper und Geist in Balance bringt. Wer regelmäßig ans Wasser geht, spürt, wie Stress verschwindet. Bewegung wird selbstverständlich, Sonnenlicht und frische Luft wirken wie eine kostenlose Medizin. Geduld und Achtsamkeit gibt's gratis dazu, weniger Gereiztheit, mehr Energie, klarere Gedanken sind ein weiterer Erfolg der womöglich sanftesten Therapie überhaupt. Unter dem Strich können mentale und körperliche Krankheitsbilder, allein durch das Draußensein bei sinnvoller und bewegungsintensiver Beschäftigung, spürbar gelindert werden. Du brauchst dafür keine komplizierten Geräte, keine Mitgliedschaft im Studio, keine exotischen Diäten. Setz dich einfach ans Wasser oder in dein Boot. Atme. Spür die Bewegungen des Köders in deiner Hand, beobachte den Schwimmer. Du schaltest komplett ab und es tritt ein Zustand mentaler Gesundheit ein. Alles andere

SEI BITTE NICHT LAUT ODER VERLETZEND

Grelle Selbstdarstellung ist keine Eigenschaft, die uns Anglern gut zu Gesicht steht. Konkurrenz und Neid sind schädlich für ein gesundes Miteinander. Vermeide deshalb den Wettbewerb durch marktschreierische Darstellungen von Fängen in der Öffentlichkeit. Abfällige und verletzende Kommentare zu stolz vorgetragenen und regelkonformen Fängen haben nichts in einer gesunden Gemeinschaft verloren. Ein gesunder Körper zeichnet sich zudem durch einen gesunden Geist aus.

tritt in den Hintergrund. Aber sei gewarnt: Irgendwann, wenn der erste Biss kommt, dann stehst du unter Strom!

ANGELN IST GANZHEITLICH

Angeln verbindet Körper, Geist und Natur zu einer Erfahrung, die man in keinem Fitnessstudio, keiner App und keinem Wochenendkurs erlebt – genau darin liegt eine magische Kraft.

KÖRPER, GEIST UND NATUR IM EINKLANG

Schon der Weg ans Wasser fordert uns körperlich. Wir tragen unsere Ausrüstung, laufen über unebenes Gelände, balancieren auf Buhnen oder steigen in die Wathose. Dabei merken wir gar nicht, dass wir uns bewegen, weil die Freude am Ziel alles andere überdeckt. Okay, nach einem langen Angeltag fühlt sich das manchmal etwas anders an, der Effekt bleibt aber der gleiche. Gleichzeitig schärfen wir beim Angeln unseren Geist. Wir lesen das Wasser, beobachten Strömungen, analysieren Wind und Wetter, passen Köderfarben dem Licht und der Trübung des Wassers an. Es ist eine Mischung aus Erfahrung, Wissen und Intuition. Ein guter Angler ist immer auch ein guter Beobachter der Natur: Wer aufmerksam hinschaut, entdeckt Muster und lernt, Zusammenhänge zu verstehen. Beim Angeln passieren spannende Dinge ganz von selbst. Wir richten unseren Fokus auf einen Punkt: Köder, Schwimmer oder Rutenspitze. Alles andere tritt für den Moment in den Hintergrund. Es ist wie eine Sucht: Die Sonne geht unter, die Wasseroberfläche ist wie ein Spiegel. Wie aus dem Nichts taucht ein starker Rapfen auf und schlägt mit Getöse nach einem Fischlein. Dann gibt es nur noch dieses Bild in meinem Kopf. keine Gedanken an Arbeit, keine Sorgen. Nur dieser eine Moment. Achtsamkeit in Reinform, Gefangensein im Hier und Jetzt!

ERNÄHRUNG UND VERANTWORTUNG

Es gibt kaum etwas Ursprünglicheres, als selbst gefangenen Fisch frisch zuzubereiten. Dabei lernen wir automatisch, ein besonderes, lebendiges Lebensmittel wertzuschätzen und mit Respekt zu behandeln. Wer einmal selbst einen Zander oder eine Forelle

Eine Mahlzeit frisch aus dem Wasser ist die beste Ernährung, die man finden kann.

Am Wasser und in freier Natur wird der Blick geweitet, plötzlich erkennen wir eine Welt aus so vielen kleinen und großen Wundern.

filetiert hat, wirft keinen Bissen davon achtlos weg. Hinzu kommt Verantwortung: Wir setzen Schonzeiten ein, beachten Mindestmaße und gehen respektvoll mit dem Lebewesen um, das wir fangen. Ganzheitlich zu angeln, heißt, das Ökosystem zu verstehen, zu respektieren und zu schützen. Werte, die unser Hobby langfristig zu einer festen Stütze beim Schutz unserer Natur machen. Ganzheitliches Angeln bedeutet auch, mit Rückschlägen umzugehen. Es gibt Tage, da geht nichts. Kein Biss, kein Fisch, nur Regen und kalter Wind. Früher habe ich mich darüber manchmal geärgert. Heute weiß ich, dass diese Tage dazugehören. Sie lehren uns Gelassenheit, Geduld und Demut vor der Natur. In gewisser Weise entsteht hier auch ein Beitrag, der auf unser persönliches Resilienz-Konto einzahlt. Es ist erstaunlich, wie sehr diese Eigenschaften unser Leben prägen. Die innere Ruhe, die wir am Wasser gewinnen, kann uns auch im Beruf und in unserer Familie begleiten.

GEMEINSCHAFT UND VERBUNDENHEIT

Ob allein am Fluss oder mit Freunden im Boot, Angeln formt Gemeinschaft. Wir tauschen Erfahrungen aus, lachen über misslungene Würfe und jubeln über einen Fang. Diese Momente schweißen zusammen und schaffen manchmal Freundschaften, die ein Leben lang halten. Und selbst wenn wir allein angeln, spüren wir eine Verbundenheit. Nicht nur zur Natur, sondern auch zu uns selbst. Wer stundenlang am Wasser sitzt, lernt mit Stille umzugehen. Diese Stille ist kein Mangel,

ACHTE BITTE AUF DEINE SPRACHE

Fische sind weder Alulatten, Torpedos, Klodeckel, Endgegner oder Fritten. Es sind wunderbare Geschöpfe, die uns zudem eine gute Zeit und großartige Erlebnisse am Gewässer bescheren. Daher ist es angemessen, ihnen diese Wertschätzung mit einer Sprache zukommen zu lassen, die sie nicht zu Gegenständen degradiert. Bitte denk daran, dass du auch hier eine Vorbildfunktion als Erklärer und Versteher der Natur hast.

sie ist ein Geschenk. Sie ist keine Langeweils, sie ist ein Segen für unseren Kopf.

Für mich ist Angeln eine Lebenshaltung. Das Zusammenspiel aus Bewegung, Achtsamkeit, Ernährung, Verantwortung und Gemeinschaft zu leben. Zu begreifen, dass jeder Angeltag mehr ist als die Chance auf einen Fisch. Es ist eine Chance, mich selbst zu finden. Am Ende ist Angeln kein Sport, keine Meditation und kein Naturschutz alleine. Es ist vielmehr die Verbindung all dieser Elemente. Es fordert den Körper, beruhigt den Geist und öffnet uns die Augen für die Schönheit der Welt um uns herum. Wenn du das nächste Mal ans Wasser gehst, spür den Boden unter deinen Füßen, atme tief durch, hör' das Plätschern, sieh das Licht auf den Wellen. Genau in diesen Momenten verstehst du, warum Angeln nicht nur ein Hobby ist. Es ist der Weg zu dir selbst.

DAS KLEINE WUNDER VOR DER TÜR

Wenn wir an Abenteuer denken, sehen wir oft ferne Länder, wilde Flüsse in Kanada oder einsame Seen in Skandinavien vor uns. Doch für ein echtes Abenteuer müssen wir nicht tausende Kilometer reisen. Es liegt direkt vor unserer Haustür!

DAS UNBEKANNTE IM BEKANNTEN

Unter der Wasseroberfläche beginnt eine neue unsichtbare Welt. Selbst der unscheinbare Baggersee am Stadtrand birgt Geheimnisse. Wer genauer hinschaut, entdeckt, wie vielfältig und wild unsere heimischen Gewässer sind. Unter der spiegelglatten Oberfläche spielt sich ein Leben ab, das wir nur erahnen können. Jeder Angelausflug wird zur Expedition, zu einer kleinen Forschungsreise. Das Abenteuer beginnt oft schon auf dem Weg ans Wasser. Ich liebe diese frühen Stunden, wenn die Stadt noch schläft, nur wenige Autos unterwegs sind und der erste Kaffee im Auto dampft. Der Rucksack liegt gepackt auf dem Beifahrersitz, die Ruten im Kofferraum. Es ist dieses Gefühl, dass heute etwas passieren könnte. Dann stehst du am Ufer, siehst die ersten Ringe auf dem

Wasser, hörst das Platschen eines springenden Fisches – und sofort bist du mittendrin. Dein Blick wandert über die Strömungskanten, du liest das Wasser, siehst kleine Strudel und Verwirbelungen, die dir verraten: Hier könnte er stehen – der Fisch, der diesen Morgen zu deinem Morgen macht!

KLEINE WEGE, GROSSE ERLEBNISSE

Viele Angler glauben, sie müssten weit reisen, um das Besondere zu erleben. Doch warum nicht den Kanal fünf Minuten von Zuhause entfernt erkunden? Oder den kleinen Bach, an dem du jeden Tag vorbeifährst? Ich habe unzählige Stunden an solchen un-

Auf dem Weg zum Angelplatz noch schnell ein paar Pfifferlinge sammeln? Warum nicht ...

Eine gute Alternative zum Spielplatz – auf jeden Fall aber zur Spielkonsole: Die Wunderwelt an unseren Flüssen und Seen.

scheinbaren Plätzen verbracht – und dort meine spannendsten Geschichten erlebt. Einmal stand ich im strömenden Regen am Hamburger Hafen. Der Einleiter eines Klärwerks war mein Platz, also weit entfernt von Stromschnellen im norwegischen Lachsfluss. Aber auch hier war kein Mensch weit und breit. Plötzlich wird der kleine Wobbler hart gestoppt und nach einem kurzen, wilden Drill lag ein prächtiger Aland im Kescher. Kein Rekordfisch, aber in diesem Moment war er für mich der König des Flusses. Und dieser monoton gurgelnde Einleiter-Kanal war mein Königreich. Angeln vor der Haustür fordert uns heraus, genauer hinzusehen. Wir lernen, unsere Gewässer zu lesen, Kleinigkeiten zu bemerken. Ein Schwarm Kleinfische, der aufschreckt, eine Veränderung im Wasserstand, die Farbe der Strömung. Das macht uns nicht nur zu aufmerksameren Anglern, sondern lässt uns Natur auch intensiver erleben. Es waren Abende, an denen

RICHTE DICH NACH DEM FISCH

Wenn du den Fisch gelandet hast und den Angelhaken entfernst, mach dir bitte immer die Hände nass. Das gilt unbedingt, wenn der Fisch zurückgesetzt werden soll, denn er hat eine empfindliche Schleimschicht über seinen Schuppen. Der Fisch muss immer selbstständig aus deinen Händen schwimmen. Durch Einführung in seine natürliche Schwimmbewegung verhinderst du ein Umkippen und Abdriften des Fisches in der Strömung.

ich stundenlang ohne Biss am Ufer saß. Und trotzdem zufrieden nach Hause ging. Denn der Sonnenuntergang färbte den Himmel Orange und Violett, Fledermäuse jagten über dem Wasser, und irgendwo in der Ferne rief ein Reiher. Diese Momente kosten nichts, brauchen keine Flugtickets und bleiben doch im Herzen.

ABENTEUER HEISST, SICH EINZULASSEN

Das Abenteuer vor der Haustür verlangt, dass wir uns einlassen. Auf das, was hinter der nächsten Biegung wartet. Es bedeutet, auch mal früh aufzustehen, nass zu werden oder einen Fehlbiss zu verkraften. Aber genau das macht uns lebendig und gibt uns nachher ein gutes Gefühl. Irgendwann beißt dann ein kapitaler Zander im städtischen Hafenbecken, ein dicker Hecht im kleinen Parkteich, ein Wels beim Feedern.
Wenn du das nächste Mal an deinem Fluss vorbeigehst oder den kleinen See siehst, an dem du immer vorbeifährst – bleib stehen. Sieh genauer hin. Spür den Wind, riech das Wasser, lausch dem Rascheln im Schilf. Genau hier beginnt dein Abenteuer, Du musst dich nur darauf einlassen und dir die Zeit dafür nehmen. Angeln ist wie eine Reise zu den kleinen Wundern, die direkt vor unserer Nase liegen. Lange unbemerkt waren. Du musst nur die Rute in die Hand nehmen und den ersten Wurf machen.

ANGELN IST NATUR VERSTEHEN

Wer angelt, lernt lesen. Nicht in einem Buch, sondern in den fließenden Zeilen eines Flusses, in den flüchtigen Mustern der Wasseroberfläche, im Spiel des Lichts auf den Wellen.

ZEUGE DER VERÄNDERUNG

Wir Angler sind Beobachter. Wer regelmäßig am Wasser steht, nimmt Veränderungen wahr. Man sieht, wie Schwalben urplötzlich blitzartig über die Oberfläche fliegen, erkennt die erste Maifliegen-Schlupfwelle im späten Frühjahr, spürt, wie der Luftdruck vor einem Gewitter fällt. Klimawandel ist für uns kein hohles Wort, denn wir sehen die Häufung von Niedrigwassern im Frühjahr und Sommer. Wir kommen seit Jahrzehnten nicht mehr auf tragfähigem Eis zum Angeln und Erleben immer öfter schwere Überschwemmungen nach Regengüssen. Diese Zeichen sind Botschaften, und wer sie zu deuten weiß, versteht bald, dass Natur nicht nach unseren Regeln funktioniert – sie hat ihre eigenen.

Ein gutes Beispiel dafür sind die Strömungen eines Flusses. Für Ungeübte sieht das Wasser oft gleich aus. Doch erfahrene Angler erkennen auf den ersten Blick Unterschiede: Hier zieht die Hauptströmung, dort liegt ein Kehrwasser, weiter hinten bildet sich ein Strömungsschatten hinter einem Buhnenkopf. Diese Strukturen sind einerseits physikalische Phänomene. Sie sind aber auch Lebensräume. Fische nutzen sie, um Energie zu sparen, Nahrung zu finden oder Schutz zu suchen. Wer das begreift, weiß nicht nur, wo er seine Köder anbieten muss, sondern versteht auch, wie eng das Leben der Fische mit der Dynamik des Flusses verwoben ist.

Die Natur hat so viele Gesichter, dass man gar nicht früh genug mit ihrer Erkundung beginnen kann.

Kein Bio-Buch und kein Lehrer können den erlebten Einblick in die Natur ersetzen.

IM RHYTHMUS DER JAHRESZEITEN

Auch die Jahreszeiten schreiben ihre Geschichten in das Wasser. Im Frühjahr, wenn das Leben erwacht und die ersten zarten Triebe durch den Boden brechen, steigen Weißfische in flachen Bereichen an die Oberfläche. Räuber folgen ihnen, und das Wasser pulsiert. Im Sommer wird das Wasser klarer, das Kraut wächst dicht, und man muss leise werden, um erfolgreich zu sein. Der Herbst schließlich ist die Zeit des Überflusses. Die Fische fressen sich Reserven an, und wer jetzt am Wasser ist, spürt eine Dringlichkeit in der Natur, die fast greifbar ist. Und dann kommt der Winter, still und rau, fast ehrfurchtgebietend. Die Luft wird kalt, die Bisse zaghaft und jeder Fisch in dieser Zeit ist ein Geschenk. Das Angeln lehrt uns, im Moment zu sein, den Rhythmus der Natur zu akzeptieren, statt ihn kontrollieren zu wollen. Man kann keinen Fisch erzwingen. Man kann nur verstehen, warum er nicht beißen will. Und ihm zur richtigen Zeit am passenden Ort erneut begegnen. Wir führen einen stillen Dialog mit der Natur. Die besten Angler, die ich kenne, sind keine Menschen, die hektisch Köder wechseln oder mit etlichen Kisten ans Wasser gehen. Es sind jene, die beobachten, lauschen, riechen, fühlen. Und dann im richtigen Moment das Richtige tun. Vielleicht ist es genau das, was unser Hobby so einzigartig macht. Während wir am Wasser stehen, wird uns klar, wie klein wir sind in diesem großen Gefüge. Jeder Biss, jede Begegnung mit einem Fisch ist ein kurzer Blick hinter den Vorhang, eine Bestätigung dafür, dass wir einen Moment lang Teil dieses Systems geworden sind.

ANGELN IST VERANTWORTUNG

Wer angelt, greift in ein sensibles Gefüge ein. Wir nehmen Fische aus ihrem Element, wir betreten Lebensräume, die uns nicht gehören, und hinterlassen dort unsere Spuren. Deshalb ist Angeln auch Verantwortung gegenüber dem Wasser, den Fischen und dem Ökosystem.

UNSER PART

Verantwortung beginnt schon mit einfachen Dingen. Wer ans Wasser geht, muss sich bewusst machen, dass er Gast ist. Müll am Ufer ist das Ergebnis mangelnder Rücksichtnahme. Ich habe es mir zur Gewohnheit gemacht, nicht nur meinen eigenen Abfall mitzunehmen, sondern auch das, was andere zurückgelassen haben.
Es ist nur ein kleiner Aufwand und eigentlich gar nicht der Rede wert. Aber jedes Mal, wenn ich einen sauberen Angelplatz verlasse, weiß ich, dass ich etwas zurückgegeben habe. Doch unsere Verantwortung als Angler geht tiefer. Sie betrifft auch den Umgang mit dem Fisch selbst. Auch wer bewusst und selektiv Fische zurücksetzt, hat keinen Freibrief, um endlos zu fangen. Wie halte ich einen Fisch, ohne ihn zu verletzen? Wie setze ich

BLICK ÜBER DEN TELLERRAND HINAUS

Erfolg beim Angeln ist, sich ein Stück Glück und Lebensfreude zu fischen. Das geht gut, wenn man das Große und Ganze in der Natur versteht. Schau deshalb zuletzt auf den Fisch, den du fangen möchtest. Versteh zuvor das Wasser, in dem er schwimmt, und das Wetter, das ihn umgibt. Dann werde zu einem Teil seines Lebensraumes und sieh genau hin, wo Vögel nach Beute tauchen oder Insekten oder Samen ins Wasser fallen. Dann wirst du den Fisch nicht sehen, wie auf einem Echolot. Aber du wirst ihn spüren!

Kapitale Fische sind wichtig für ein Gewässer, um Resilienz und Stärke an ihren Nachwuchs weiter zu vererben.

ihn zurück, sodass er überlebt? Ich denke an eine Erfahrung, die ich an einem Altarm der Elbe gemacht habe. Ein Angler hatte einen prächtigen Hecht gefangen, bestimmt 80 Zentimeter lang. Voller Stolz präsentierte er den Fisch, um Fotos zu machen. Minuten später trieb der Fisch, erschöpft und kraftlos, im Uferbereich. Dieser Anblick tat weh. Hier wurde klar, wie schmal der Grat ist zwischen Freude am Fang und der Pflicht, verantwortungsvoll und sorgsam mit dem Leben unserer Fänge umzugehen.

NICHTS GEFANGEN ABER MITGEDACHT

Verantwortung heißt auch, die Natur zu lesen und zu akzeptieren, dass wir nicht immer nehmen können, was wir wollen. Es gibt Zeiten, in denen Fische laichen, in denen sie Ruhe brauchen, um ihre Bestände zu sichern. Wer dann zurücksteckt, zeigt Größe. Ein leerer Kescher in solchen Phasen ist kein Zeichen von Versagen, sondern von Verständnis. Auch der Schutz der Gewässer selbst liegt in unserer Hand. Wer einmal gesehen hat, wie eine Algenblüte einen See erstickt oder wie ein Bach durch Nährstoffeinträge zur Kloake wird, weiß, dass es ohne gesunde Lebensräume keine Fische gibt. Deshalb ist Angeln auch politisch. Es bedeutet, sich einzusetzen. Zum Beispiel für Renaturierungen, für sauberes Wasser, für Schonzeiten und Mindestmaße – im Angelverein, in der Bürgerinitiative oder in der Politik. Wir Angler sind oft die Ersten, die Veränderungen bemerken, und sind damit auch die Ersten, die Alarm schlagen und handeln müssen.

LERNEN, VERSTEHEN, SCHÜTZEN

Es gibt Momente, in denen ich ans Wasser gehe, ohne zu angeln. Einfach nur, um zu schauen, wie es meinem Fluss geht. Ich sehe nach, ob sich nach

Kleine Fische sollen die Chance bekommen, weiter zu wachsen und wenigstens einmal im Leben abzulaichen.

DU BIST GAST IN DER NATUR, SIE GEHÖRT DIR NICHT

Als Nutzer natürlicher Gewässer und Landschaften, die unsere Natur bereithält, sollten wir uns immer unserer Rolle bewusst sein. All diese Schätze sind ein Gut, das wir uns mit anderen Menschen, vor allem aber mit Tieren und Lebensformen teilen, die auf die Unversehrtheit dieser Biotope angewiesen sind.

dem Hochwasser neue Kiesbänke gebildet haben, ob das Wasser klar ist oder trüb, ob Eisvögel und Libellen noch da sind, und beobachte am Abend die Fledermäuse auf ihrem Flug vom Geesthügel über die Elbe. Am Ende geht es beim Angeln nicht nur um unsere gute Zeit mit der Angel in der Hand. Es geht um das, was wir hinterlassen. Wenn ich heute mit meinem Sohn am Wasser stehe, versuche ich, ihm genau das zu vermitteln: Du bist nicht nur hier, um zu fangen und Spaß zu haben. Du bist auch hier, um zu lernen, zu verstehen und zu schützen.

ANGELN IST KEIN WETTBEWERB

Das Angeln war in seinem Ursprung niemals ein Wettkampf. Es bedeutet vielmehr innehalten, Natur erleben, Nahrung gewinnen. Und das in einer werteorientierten Gemeinschaft – nicht gegeneinander.

DIE DEGRADIERUNG DES FISCHES

Und doch sind seit einigen Jahren Competitions, Tournaments und Meisterschaften im Trend. Es wird verglichen, gemessen, gewogen. Wer fängt den größten Hecht, den schwersten Karpfen, die meisten Barsche oder unterschiedlichen Fischarten in kürzester Zeit? Auf Instagram glänzen Pokale und hochwertige Preise, auf YouTube Siegerposen. Was dabei auf der Strecke bleibt, ist der Respekt vor der Natur. Denn Wettbewerb verändert das Angeln grundlegend. Der Fisch wird zum Objekt, zum Punkt in einer Statistik, zum Mittel zum Zweck. Je mehr, je größer, desto besser. Das Herzklopfen beim Drill verliert seinen Wert, wenn es nur noch um Zentimeter auf dem Maßband geht und ein verlorener Fisch bares Geld kostet. Der Blick für das Wasser, für die Zusammenhänge in einem Lebensraum, für die feinen Zeichen der Natur tritt in den Hintergrund. Technik und Bootsboliden dominieren stattdessen, und wo es um Sieg und Anerkennung geht, bleibt kein Raum für Achtsamkeit und Nachhaltigkeit.
Besonders problematisch wird es, wenn Kinder und Jugendliche über Wettbewerbe ans Angeln herangeführt werden. Sie lernen dann nicht, wie kostbar ein Fischleben ist, wie

wichtig der schonende Umgang, das maßvolle Entnehmen, der Verzehr oder das behutsame Zurücksetzen. Sie lernen, dass ein Fisch nur dann wertvoll ist, wenn er groß genug für den Sieg ist. Ein fatales Signal, gerade in einer Zeit, in der Aal, Dorsch und viele andere Arten an den Rand ihrer Existenz gedrängt sind. Und in der so viele junge Menschen unter mentalen Erkrankungen und Leistungsdruck leiden. Dabei ist doch Angeln so viel mehr. Es ist ein Weg, zur Ruhe zu kommen, gesund zu werden, in Verbindung mit der Natur zu treten.

GEGEN DEN KOMMERZ

Ich selbst habe in meinem Leben viele Seiten des Angelns kennengelernt: Redaktionsarbeit, Guiding, Produktentwicklung, Coaching, Socialmedia, aktiver Naturschutz. Und ich habe miterlebt, wie das Streben nach Anerkennung und Wettbewerb Angler verändert, leider nicht zum Guten. Was wir brauchen, ist nicht mehr Wettkampf, sondern mehr Bewusstsein. Nicht mehr Trophäen, sondern mehr Dankbarkeit. Nicht mehr gegeneinander, sondern miteinander. Nachhaltiges Angeln bedeutet, Verantwortung

In der Leidenschaft vereint und mit der Fähigkeit gesegnet, sich über die Fänge anderer zu freuen – DAS ist Angeln.

Die Weite unberührter Natur macht auch unsere Herzen weit – und nicht der Fang eines größeren Fisches als unser Mitangler.

zu übernehmen für die Fische, für die Gewässer, für die kommenden Generationen. Das passt nicht zusammen mit Stoppuhren und Ranglisten, die am Ende nur der Aufwertung eines einzelnen Egos oder Geldbeutels dienlich sind. Es passt zusammen mit Demut, mit dem Wissen, dass jeder gefangene Fisch ein Geschenk ist. Angeln ist kein Sport, sondern eine Kulturtechnik. Eine Kunst, die uns zeigt, dass wir Teil der Natur sind und nicht ihre Herren. Wer dieses Verständnis verinnerlicht, braucht keinen Wettbewerb, um Erfüllung zu finden. Er erfährt sie längst in jedem Augenblick am Wasser.

DAS WORT MIT „N"

Ein Wort ist Mode. Leider ist es aber auch geeignet, um als „green washing" unseriös eingesetzt zu werden. Also, was genau verbirgt sich hinter dem Wort Nachhaltigkeit?

VERANTWORTUNG ÜBERNEHMEN

Besser lässt sich das Hauptwort Nachhaltigkeit mit dem Begriff der nachhaltigen Entwicklung beschreiben. Danach zu handeln, meint einerseits die verantwortungsvolle Nutzung derzeit vorhandener Ressourcen und sie zugleich zukunftsorientiert zu behandeln. Wir können so den Bedürfnissen der heutigen Generation entsprechen, ohne jedoch die Bedürfnisse und Möglichkeiten künftiger Generationen einzuschränken. Auf diese Weise können wir die eigene Regenerationsfähigkeit unserer natürlichen Ressourcen bewahren und sie zugleich für Jahrzehnte positiv gestalten. Erstmals formuliert wurde der Gedanke der Nachhaltigkeit vor 300 Jahren. Hans Carl von Carlowitz, Oberberghauptmann in Freiberg/Sachsen forderte 1713, dass immer nur so viel Holz geschlagen werden soll, wie wieder nachwachsen kann. Übertragen auf die Fischerei bedeutet dies, dass Anglerinnen und Angler sowie die Berufsfischerei eine große Mitverantwortung für die Entwicklung der Fischbestände in unseren Gewässern tragen. Es dürfen nur so viele Fische einer Art entnommen werden, dass ihr Fortbestand gesichert ist. Im besten Fall gelingt dies der Fischart durch natürliche Reproduktion, also indem sie selbstständig ablaicht und die Nachkommen den Bestand sichern.

WELCHE FISCHEREI IST NACHHALTIG?

Berufsfischerei

Bestimmte Formen der kommerziellen Fischerei stehen in der Kritik, weil die Fangmethoden oftmals keine echte Selektion bei der Art und der Größe des Fanges zulassen und nur in wenigen Ausnahmefällen tiergerecht sind. Es kann ungewünschter Beifang entstehen oder es werden zu kleine Fische angelandet, die nach dem Zu-

EIN FISCH IST KEIN SPORTGERÄT

Der Fischfang aus Gründen des reinen Wettbewerbs, der zum Beispiel im benachbarten Ausland noch erlaubt ist, ist keine gesunde Grundlage für unsere Passion und erfährt mehrheitlich keine Akzeptanz in der Gesellschaft. Insbesondere dann, wenn die Fische grundsätzlich nach dem Messen wieder zurückgesetzt werden und somit als reine Punktelieferanten zur persönlichen Aufwertung oder materiellen Bereicherung des Fängers gelten. Überprüf deine Haltung zu diesen medial oft stark beworbenen Veranstaltungen einmal gewissenhaft.

Wir Angler lieben und schützen Säugetiere und Vögel. Leider ist dies in der kommerziellen Fischerei oft nicht möglich.

rücksetzen allesamt nicht mehr überlebensfähig sind. Problematisch ist vor allem der Einsatz von Schleppnetzen, die den Grund aufwühlen und die Lebensformen dort nachhaltig schädigen. Der Einsatz von Reusen hingegen ist deutlich selektiver und ressourcenschonender. Zur Ernährung der Menschheit ist die kommerzielle Fischerei essenziell – genauso wie ein möglichst biologisch verträgliches Aquafarming. Außerdem ermöglicht die Berufsfischerei den Fischern im Vollerwerb ein wertvolles Auskommen und erhält eine jahrhundertealte Tradition.

Nebenerwerbsfischerei

Die Fischerei zum Nebenerwerb ist problematisch für den Naturschutz. Einerseits pflegt sie oft den Einsatz traditioneller Fangmethoden wie Reusen und Hamen in kleinem Stil, bei dem der Fang selektiert wird und unbeabsichtigte Fänge häufig wieder zurückgesetzt werden können. Andererseits sind zum Beispiel Stellnetze wenig selektive und kaum tiergerechte Fangtechniken. Hier verenden Fische qualvoll im Fanggerät und es kann kein Fang überlebensfähig zurückgesetzt werden. Dies geschieht zudem einzig und allein aus finanziellen

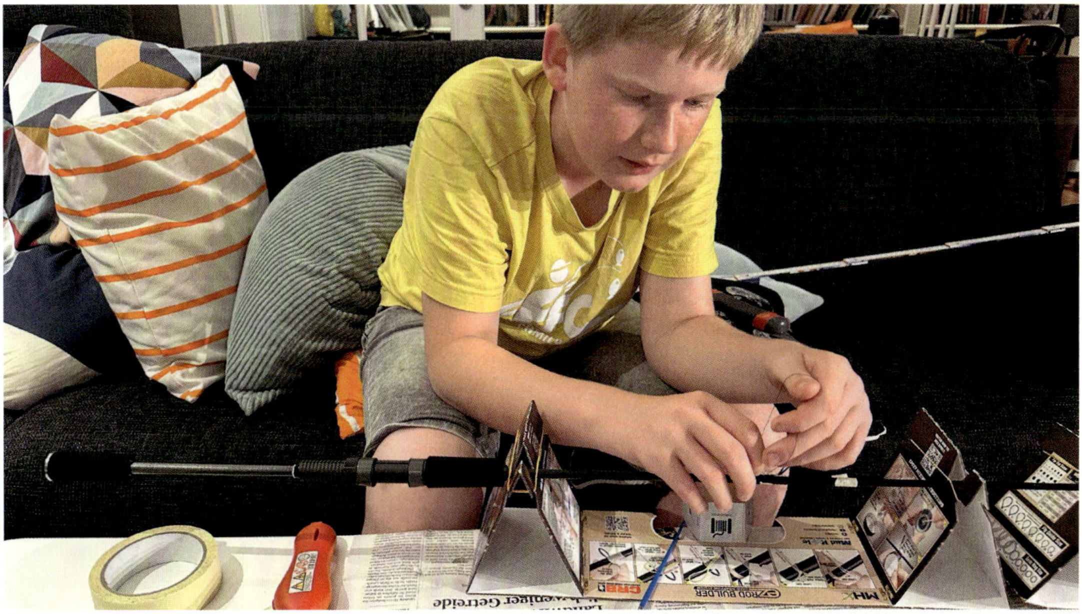

Nicht nur die Liebe zu Details ihres Gerätes zeichnet Angler aus. Auch Demut und Sorgfalt beim Töten und Zubereiten der schuppigen Beute sind Teil unseres Handelns.

Anreizen, ohne dass der Fischereiberechtigte von seinen Einkünften im Haupterwerb abhängig ist. Diese beiläufige Fischerei mit Reusen und Stellnetzen sollte lediglich zum Erhalt fischereilicher Tradition und Handwerkskunst oder für den Fang zum Eigenbedarf in der Küche zulässig sein.

Angelfischerei

Angeln ist ein Hobby. Dies unterscheidet sich von der Berufsfischerei und von einem kleinen Teil der Nebenerwerbsfischerei. Allerdings entspricht sie am ehesten dem Gedanken des nachhaltigen Fischfangs. Dahingehend, dass die Beute in Art und Größe selektiv durch die Wahl des Köders und des Fangplatzes angesprochen wird. Außerdem kann auf Methoden und Fangtechniken zurückgegriffen werden, die dem Fisch Stress und Leid ersparen. Und es können Geräte und Köder verwendet werden, die biologisch verträglich und umweltfreundlich sind. Ganz bewusst kann der geangelte Fisch entnommen und artgerecht getötet werden. Zum anderen aber auch überlebensfähig wieder ins Fanggewässer zurückgesetzt werden, aus gebotenem oder vernünftigem Grund. Dies kann dem Fortbestand einer versehentlich gefangenen Fischart sehr nützlich sein. Aber auch der Schonung kleiner, kapitaler, geschonter oder laichreifer Exemplare.

DIE SACHE MIT DEM ZURÜCKSETZEN

Wer angelt, wird über kurz oder lang auch einen Fisch fangen. Und der sollte dann auch aufgegessen werden. Warum es dennoch auch geboten sein kann, einen Fisch zurückzusetzen, beleuchten wir im Folgenden.

GIB GROSSEN FISCHEN EINE CHANCE

Wo und wann immer es möglich und erlaubt ist, setz große Fische zurück! Dies gilt für kapitale Einzeltiere heimischer und sich selbstständig vermehrender Arten, wie zum Beispiel Zander und Hecht. Moderne fischereibiologische Erkenntnisse belegen deren enorm hohe Wichtigkeit für ausgewogene und widerstandsfähige Fischbestände. Hamburg hat als erstes Bundesland deshalb neben dem Mindestmaß auch ein gesetzliches Obermaß für einige Fischarten in seinem Fischereigesetz verankert. Zum Beispiel müssen dort Hechte und Zander über 75 Zentimeter Länge nach dem Fang zurückgesetzt werden. In immer mehr deutschen Gewässern und im Ausland wird ein Obermaß bei einigen einheimischen und sensiblen Fischarten ebenfalls vorgeschrieben, beziehungsweise freiwillig gerne eingehalten. Wichtig für den Erfolg dieses Entnahmefensters (auch „Küchenfenster" genannt) ist zusätzlich eine begrenzte Entnahme (Fanglimit) der betreffenden Fischarten.

EIN GUTER FANG

Ein guter Fisch hat gebissen, die Rute ist krumm und die Rollenbremse surrt. Der Angler freut sich schon auf den erhofften Zander, den er noch heute Abend mit seiner Familie verspeisen will. Aber halt, ein länglicher silbern glänzender Körper peitscht das Wasser an der Oberfläche – ein Rapfen, gute 70 Zentimeter lang! Der Angler lächelt zufrieden, bewegt sich auf den wunderschönen Fisch im Wasser zu. Er greift ihn mit der nassen Hand und löst den Einzelhaken am Jig, der schön weit vorne im Maul des Rapfens hängt. Der Angler setzt den Fisch direkt zurück, angelt weiter und fängt tatsächlich noch seinen Zander! Den nimmt er nun mit zum Essen und fährt direkt zurück nach Hause.

DIE VORSCHRIFTEN

In Deutschland ist vom Gesetzgeber im Tierschutzgesetz geregelt, dass der Fang von Fischen mit der Angelrute einen vernünftigen Grund haben muss. Als wichtigster Grund zum Fischfang gilt, Fische mit der Absicht zu angeln, sie als Nahrung zu nutzen und daher unverzüglich und waidgerecht zu töten. Das Zurücksetzen von Fischen ist nur dann ausdrücklich gestattet, wenn sich diese in der gesetzlichen Schonzeit befinden, grundsätzlich geschützt sind, eine Begrenzung der Fangmenge besteht oder der Fang unterhalb des gesetzlichen Mindestmaßes liegt. Mancherorts gibt es auch ein Obermaß für einzelne Fischarten, die dann ab einer bestimmten kapitalen Größe wieder zurückgesetzt werden müssen. Schonzeiten und Mindestmaße hat jedes Bundesland in seinem jeweiligen Fischereigesetz festgelegt. Inhaber oder Pächter eines Gewässers oder eines Fischereirechts dürfen diese Gesetze verändern, allerdings nur, indem sie Schonmaße nach oben setzen und Schonzeiten verlängern.

DIE MOTIVATION ENTSCHEIDET

Nun stellt sich die Frage, wie das Verhalten des Anglers in unserem oben geschilderten Beispiel zu bewerten ist. Eigentlich hat er doch eine Straftat begangen, indem er einen Rapfen, der deutlich oberhalb des Schonmaßes liegt und keine Schonzeit genießt, zurückgesetzt hat – oder? Nein! Denn entscheidend ist, dass er die eindeutige Absicht hatte, einen geangelten Fisch zum Essen zu entnehmen, und zudem eine gängige Methode und entsprechende Köder zum Fang dieses Fisches eingesetzt hat. Auch der gewählte Fangplatz, eine Buhne mit tiefer Rückströmung und der Jig als Köder, belegt eindeutig die Absicht, einen Zander an den Haken zu bekommen. Der Rapfen ist somit als zufälliger Beifang beim gezielten Angeln auf Zander zu bewerten und das Zurücksetzen dieses Fisches somit legitim und nicht strafbar. Zumal der Rapfen als Speisefisch (ganz im Gegensatz zum Zander) keine allzu guten Eigenschaften hat. Man sollte allerdings immer darauf achten, das Gewässer, die Methode, Tages- und Jahreszeit so auf den Zielfisch abzustimmen, dass die Wahrscheinlichkeit von solchen Beifängen reduziert wird.

SELEKTIV ENTNEHMEN – EIN GUTER WEG

Der nachvollziehbare und gezielte Fang einer bestimmten Fischart mit klarer Absicht, diese auch zu verzehren, ist relevant. Dies gilt nur für den eigenen Bedarf, denn der Verkauf geangelter Fische ist sinnvollerweise verboten und der Berufsfischerei vorbe-

Die Entnahme von geangelten Fischen zum Verzehr – so selbstverständlich und mit unserem Dasein verwurzelt, wie die Jagd oder das Sammeln von Pilzen und Beeren.

halten. Unbeabsichtigte Beifänge beim Angeln dürfen also zurückgesetzt werden, auch wenn diese zur Fangzeit nicht geschützt sind und oberhalb des Schonmaßes liegen. Auch gezielt gefangene Fische sollten unter bestimmten Voraussetzungen besser wieder ins Wasser zurückgesetzt werden. Dies gilt für Einzelfische, die auch außerhalb einer eventuellen gesetzlichen Schonzeit augenscheinlich starken Laichansatz haben oder sich inmitten des Laichprozesses befinden. Diese laichreifen Fische sind für den Erhalt der Art essenziell. Geben wir ihnen also die Chance zur Reproduktion und vielen Nachkommen. Außerdem ist das Fleisch dieser Exemplare durch die Produktion oder durch das Ablaichen von Milch und Rogen in einem schlechten Zustand.

Ein schöner Fang! Diese Meerforelle wird nach dem Fang sorgfältig betrachtet und anschließend zurückgesetzt, weil sie sich im Laichkleid befindet.

DAS IST „CATCH AND RELEASE“

Die genannten Beispiele für ein freiwilliges Zurücksetzen eines zufällig oder gezielt gefangenen Fisches sind allesamt bewusst zu verantworten, begründbar und nicht strafbar. Immer vorausgesetzt, es werden auch geeignete Fische zum Verzehr entnommen und die feste Absicht einer Entnahme ist die Motivation für das Angeln. Anders ist die Gesetzeslage beim gezielten Angeln auf Fischarten, allein mit dem Vorsatz, sie wieder zurückzusetzen. Diese grundsätzliche Verweigerung einer Entnahme gezielt geangelter Fische wird als „catch and

release" bezeichnet, hat nichts mit dem bewussten Zurücksetzen von Fischen im Einzelfall bei vorhandener Verzehrabsicht zu tun und ist somit zum Beispiel in Deutschland verboten. Wer also zum Beispiel ganz bewusst mit seiner Angelrute loszieht, alle Voraussetzungen zum Fang eines besonders kapitalen Fisches einer Art optimiert, Gerät und Köder auf diesen Fang abstimmt und womöglich an einem Gewässer oder Fangplatz für kapitale Karpfen, Welse oder Hechte angelt, nur um sie dann (womöglich nach einem medienwirksamen Foto) wieder zurückzusetzen, begeht in Deutschland eine Straftat. In allen anderen Ländern außerhalb Deutschlands wird dies jedoch anders gesehen, in manchen Gewässern ist das Zurücksetzen geangelter Fische sogar vorgeschrieben.
Natürlich darf man sich fragen, warum dies nur in Deutschland so gesehen wird und in anderen Ländern nicht. Allerdings muss auch die Frage an die „Catch and release"-Fraktion erlaubt sein: „Wofür wird geangelt, wenn man den Fisch grundsätzlich nicht verwertet?"
Mit Tierschutz oder Bestandsüberprüfung ist diese Art des Angelns sicherlich nicht zu rechtfertigen.

DAS GESUNDE MASS

Dass ein Fisch, der begründet wieder in sein Element entlassen werden soll, weitestgehend unverletzt und überlebensfähig sein muss, versteht sich von selbst. Ebenso wie die Haltung, das Angeln einzustellen, wenn man genug Fisch für den eigenen Haushalt gefangen hat oder ein gesetzliches oder freiwilliges Fanglimit erreicht wurde. Wie bei vielen Dingen unseres täglichen Lebens sind auch bei der Entnahme von Naturgütern die Vernunft und ein gesundes Maß die besten Ratgeber.

SETZ FISCHE SCHONEND ZURÜCK

Nimm dir Zeit für deinen Fisch, wenn du ihn zurücksetzt, und halte den Aufenthalt an der Luft so kurz wie möglich. Die Erholungsphase im Wasser kann besonders im Sommer bei sehr warmem Wasser oder nach einem Drill aus großer Wassertiefe ein paar Minuten dauern. Warte immer ab, bis der Fisch Körperspannung aufbaut und selbstständig davonschwimmt. Bitte wirf deinen Fisch beim Zurücksetzen nicht ins Wasser, auch nicht aus kurzer Distanz.

Laufen, atmen, innehalten – angeln.

Wo Angeln?

Die meisten Angler fangen ihre Fische vom Ufer aus. Bodenständig, in der wahrsten Bedeutung des Wortes. Auf das Gespür kommt es hier an!

EINE EINLADUNG

Der Morgen dämmert, als ich den Wagen am Rand des Feldwegs parke. Ein schwacher Schimmer kündigt den kommenden Tag an, und die Luft riecht nach feuchtem Gras. Wer vom Ufer aus angelt, kennt diese Momente: das erste Knirschen der Stiefel im Tau, das Rascheln der Schilfhalme und das ferne Glucksen des Flusses. Hier draußen, allein mit dem Wasser, beginnt Angeln nicht erst mit dem ersten Wurf. Es beginnt mit dem Loslassen des Alltags. Mit dem Boot fahren wir unsere Hotspots einfach ab oder wechseln auch mal Ufer oder Seeseite. Vom Ufer aus müssen wir aber lernen, den Fluss oder See zu lesen, zu deuten und zu verstehen. Jeder Kiesstrand, jeder überhängende Busch, jede unscheinbare Strömungskante erzählt eine Geschichte. Wer sie versteht, kann sehen, wo sich der Fluss verdichtet, wo Futterfische Schutz suchen und wo ein Räuber seine Chance wittert.

KLEINE ZEICHEN

Ich liebe diese Suche. Nicht das schnelle Fangen, sondern die stille Vorbereitung. Es ist wie ein Gespräch mit dem Wasser. Man schaut, lauscht, und irgendwann spürt man, wo die Dinge zusammenlaufen. Eine Buhne, halb versunken, hält die Strömung auf und formt eine Kehrströmung – ein idealer Platz für Zander. Ein schmaler Schilfgürtel, der in eine flache Bucht übergeht, verrät Hecht. Es ist, als würde der Fluss kleine Zeichen setzen. Zeichen, die wir deuten und verstehen sollten, wollen wir Beute machen. Mein Platz heute liegt in einer kleinen Bucht. Der Boden hier ist steinig, unterbrochen von kleinen Sandflecken – perfekt für Barsch. Ich werfe einen kleinen Gummifisch aus, lasse ihn absinken und beginne, ihn langsam über den Grund zu führen. Jeder Kontakt, jedes Zittern in der Rutenspitze bringt uns dem unsichtbaren Leben unter der Oberfläche ein Stückchen näher. Da, ein Biss! Ein schöner 30er Barsch ist dem Schwindel erlegen und hat das Gummifischlein geschnappt. Seine Flanken leuchten in der Sonne. Ich knie mich ins feuchte Gras, löse achtsam den Haken und freue mich über meinen Fang. In solchen Augenblicken wird mir klar, warum ich dieses einfache Angeln so sehr liebe: Es ist der Ort, an dem man die Nähe spürt. Nicht nur zum Fisch, sondern auch zur Natur. Und zu sich selbst.

RESPEKTIERE SCHUTZGEBIETE

Informier dich sorgfältig über Besonderheiten, Ökosysteme und individuelle Regelungen in Schutzgebieten. Finde selbst heraus, warum Schutzgebiete immer auch wichtige Rückzugsgebiete für dein Angelgewässer sind und wie du davon durch größeren Fischreichtum profitierst. Diese Gebiete haben die wichtige Aufgabe, Erholungsraum für die Natur und ihre Bewohner zu schaffen. Hier solltest du deshalb immer freiwillig jeden unnötigen Störimpuls vermeiden.

PRAXIS-TIPPS FÜR ERFOLGREICHES UFERANGELN

1. Lies das Wasser wie eine Landkarte

Strömungskanten, Unterspülungen und Kehrströmungen sind Hotspots für Raubfische. Achte besonders auf Strukturen wie überhängende Bäume, Buhnenköpfe oder versunkene Äste. Sie bieten Deckung und sind oft erste Wahl für Zander, Hecht und Barsch.

2. Weniger ist mehr – leichte Ausrüstung bevorzugen

Ein Rucksack, ein oder zwei Ruten und eine kleine Köderbox reichen völlig aus. Mobilität ist entscheidend, um verschiedene Plätze zu beangeln. Wer leicht unterwegs ist, wechselt häufiger den Spot – und findet schneller aktive Fische!

3. Köderführung anpassen

Vom Ufer aus ist Präzision wichtiger als Reichweite. Wirf besser schräg gegen die Strömung und lass den Köder mit dem Wasser arbeiten. Zander lieben es grundnah, Hechte stehen oft im Bewuchs und Barsche reagieren auf lebhafte Jig-Bewegungen.

4. Tarnung nicht unterschätzen

Im klaren Wasser wirkt selbst ein Schatten bedrohlich. Trag gedeckte Kleidung, beweg dich ruhig und halt Abstand zum Ufer. Gerade in flachen Bereichen entscheidet die eigene Unauffälligkeit über Erfolg oder Misserfolg.

5. Den Platz nie vorschnell aufgeben

Gerade beim Uferangeln gilt: Geduld zahlt sich aus. Oft genügt ein Wechsel des Köders, der Methode oder bei der Führung, um einen zögerlichen Fisch doch noch zu überlisten. Manchmal lohnt es sich auch, einen Platz nach einer Pause erneut zu befischen.

Watangeln ist nicht mehr so ganz das klassische Uferangeln... Um aber richtig weit draußen zu fischen, braucht es Boot, Kajak oder Bellyboat.

DEMUT LERNEN

Das Ufer schenkt Ruhe, ist aber auch Herausforderung. Der begrenzte Aktionsradius zwingt uns zu Kreativität. Wir lernen, mit der Natur zu arbeiten, statt sie zu überlisten. Wir merken, wie wichtig Tarnung ist: Geduckt geht's durch die Büsche, leise Schritte führen uns über feuchten Boden. Man lernt, mit und gegen den Wind zu werfen, mit Hindernissen zu leben. Und manchmal lernt man auch Demut, wenn ein Platz einfach nicht läuft. Doch genau das macht es wertvoll. Jeder gefangene Fisch ist das Ergebnis von Beobachtung, Erfahrung und Hingabe. Und wenn ich am Ende des Tages meine Sachen packe, die Rute über die Schulter werfe und zurückstapfe, dann spüre ich diese tiefe Zufriedenheit. Es ist nicht die Menge an Fischen, die zählt. Es ist dieses Gefühl, eins zu sein mit dem Fluss und mit dem Augenblick.

KÄPT'N HART AM FISCH

Das Angeln vom Boot hat etwas von Entdeckergeist, führt uns in Bereiche, die wir vom Ufer aus nie erreichen würden. Und dann ist da dieses Gefühl, dem Wasser und dem Fisch ein Stück näher zu sein.

KEIN PLATZ ZU FERN

Der Unterschied zum Uferangeln liegt auf der Hand: Vom Boot aus bist du nicht an einen Platz gebunden, du folgst den Besonderheiten des Gewässers. Eine Strömungskante dort drüben, ein versunkener Baum, der vom Ufer aus zwar zu erkennen aber niemals zu erreichen wäre. Mit dem Boot werden Flüsse und Seen zu einem grenzenlosen Revier. Plätze, die vom Ufer aus unerreichbar scheinen, liegen plötzlich vor dir. Alte Buhnenfelder mitten im Strom, tiefe Außenkurven, abgelegene Buchten – sie alle öffnen sich, wenn man auf dem Wasser und nicht am Ufer ist. Aber damit kommt auch Verantwortung. Ein Boot gibt dir Reichweite, aber es verlangt Respekt vor dem Wasser. Jeder Wetterumschwung, jede Böe kann spürbar werden. Wer vom Boot angelt, sollte das Wasser lesen können. Und das nicht nur, um zu fangen, sondern auch für die eigene Sicherheit. Oft nutze ich Wind oder Strömung, lasse das Boot driften und angle dabei aktiv mit der Spinnrute. Ein Wurf zum Uferbewuchs bringt Barsch und Hecht, langsame Köderführung am Grund, entlang der Strömungskante, ist genau richtig für Zander. Wer es gemütlicher mag, der sucht sich eine Angelstelle aus und wirft den Anker. Auch so lässt sich vortrefflich auf Raubfische angeln, zum Beispiel mit dem toten Köderfisch am Grund. Aber auch schöne Karpfen, Schleien und Friedfische lassen sich auf diese entspannte Art und Weise beim Ansitzangeln vom Boot aus überlisten. Auf jeden Fall ist ein großer Kescher beim Bootsangeln zu empfehlen und eine gepolsterte Abhakmatte, um eine professionelle Versorgung des Fangs zu gewährleisten.

STILLE WASSER SIND TIEF

Die große Wasserfläche eines Sees verbirgt so manches Geheimnis. Um Fischgründe zu finden und erfolgreich zu sein, sollten wir den See lesen können und somit Schritt für Schritt verstehen.

Eines der großen Abenteuer, die wir Angler erleben dürfen: Das Erkunden gewaltiger Wasserflächen mit dem Boot und einer Angelrute.

PRAXIS-TIPPS FÜR ERFOLGREICHES BOOTSANGELN

1. Nutze die Mobilität:

Ein Boot macht dich unabhängig vom festen Platz. Wechsle immer mal wieder den Platz, bis du aktive Fische findest. Treibend zu angeln, ist manchmal effektiver, als stationär zu ankern.

2. Sicherheit zuerst:

Immer Schwimmweste tragen! Beobachte Wind und Wetter, denn auf offenem Wasser können Bedingungen schnell kippen.

3. Leise ist besser:

Motorenlärm und harte Bootsbewegungen verscheuchen Fische. Nutze Paddel oder E-Motor für leises Manövrieren und vermeide harte Geräusche an Bord.

4. Struktur suchen:

Alte Buhnen, versunkene Bäume oder tiefe Rinnen sind vom Boot aus perfekt erreichbar. Nutze Echolot oder Wasserlese-Fähigkeiten, um diese Plätze gezielt anzufahren.

Der Weg ist das Ziel!

Wartet am Ende des Regenbogens vielleicht das ganz große Angel-Abenteuer?

KLEINE ZEICHEN

Es gibt Gewässer, die wirken auf den ersten Blick unnahbar. Große Seen haben etwas Ehrfurchtgebietendes. Endlose Wasserfläche, der Horizont, der im Morgendunst verschwimmt, und das Wissen, dass irgendwo dort draußen gigantische Fische schwimmen, die man mit bloßem Auge nicht erahnen kann. Angeln an solchen Seen ist keine Sache des schnellen Erfolges. Es ist ein Spiel aus Geduld, Lesen der Natur und dem tiefen Vertrauen in die eigenen Sinne. Seen erzählen ihre Geschichten nicht sofort. Sie verbergen sie in kleinen Zeichen: Dem Kleinfischschwarm, der plötzlich an der Oberfläche spielt, dem Fisch, der kurz springt oder buckelt, oder einer Windkante, an der sich Treibgut sammelt. Solche Beobachtungen sind wichtig, denn sie verraten uns, wo es Nahrung in der Wasserwüste gibt. Und da können auch die Fische nicht weit sein.

Am Stausee beginnt mein Tag oft mit einem Blick auf den Wind. An welcher Uferseite ist das Wasser aufgewühlt? Wo sammeln sich Plankton und Kleinfisch? Dort, wo das Leben

LEG NICHT ÜBERALL MIT DEINEM BOOT AN

Falls das Befahren eines Gewässers mit Booten zum Angeln erlaubt ist, dring nicht in Gewässerregionen innerhalb sensibler Bereiche ein. Das sind zum Beispiel flache Buhnen und Buchten oder Vegetationsflächen mit Seerosen, Kraut und Schilfbeständen.

zusammenfließt, folgen Hecht und Barsch fast wie von selbst. Wer mit dem Rücken zum Wind angelt, fischt meist ins Leere. Mit dem Wind im Gesicht hingegen, wird man bald einen guten Fisch am Haken haben.

SEE IST NICHT GLEICH SEE

Naturseen haben ihren ganz eigenen Charakter. Tiefe Buchten, ausgedehnte Krautfelder, Unterwasserberge und Geröllfelder sind hier die Magneten für Raubfische. Oft sind die Übergänge vom Flachwasser ins Tiefe, von krautigen zu sandigen Bereichen am besten. Diese Kanten sind manchmal verborgen am Grund und müssen erst beim Angeln ertastet oder auf einer Karte geortet werden. Technisch interessierten Anglern kann auch ein Echolot sehr gut weiterhelfen. Sie sind wie Unterwasser-Autobahnen, entlang derer schwere Hechte patrouillieren oder Barsche und Zander in Trupps jagen.

Junge Baggerseen wiederum sind oft glasklar und wirken auf den ersten Blick wie leere Badewannen. Hier ist Tarnung durch gedeckte Kleidung, leises Auftreten oder sanfte Bewegungen im Boot und oft auch weite Würfe oberstes Gebot. Sollte noch gebaggert werden, kann sich auch ein Besuch im Bereich des aufgewühlten Wassers lohnen.

SO VIEL ZU ENTDECKEN

Eine Eigenschaft habe ich an unterschiedlichen Großgewässern beobachtet: Sie belohnen unsere Ausdauer und unseren Entdeckergeist. Oft verbringt man Stunden ohne Biss, nur begleitet vom Wind und dem Ruf eines fernen Reihers. Oder man rudert kilometerweit den Uferbereich mit der Schlepprute ab. Doch irgendwann gibt der See für einen Augenblick sein Geheimnis preis. Das Angeln an großen Seen ist weniger ein Wettlauf um Fangzahlen als eine gute Übung im Sehen und Fühlen. Dem Erkennen der Zusammenhänge aus Windrichtung, Temperatur und Jahreszeit. Im Frühling sind es die flachen, sonnengewärmten Buchten, in denen Hechte jagen. Im Sommer die Übergänge von tieferen in flache Bereiche, wo Zander

Strahlende Kinderaugen – ganz ohne Spielkonsole oder Smartphone.

So kann es aussehen, wenn ein Angler zu einem Bestandteil der Natur wird.

in den Dämmerstunden unterwegs sind. Im Herbst die raubenden Barsche, die durch das Spiel der Möwen verraten werden, und Brassen, die über weichem Boden gründeln und an aufsteigenden, wandernden Bläschen zu erkennen sind. Seen und ihre gewaltigen Wasserflächen sind eine gute Spielwiese für den Detektiv unter uns Anglern, der in der Lage ist, aufmerksam zu beobachten und die richtigen Schlüsse daraus zu ziehen.

KLEINE OASEN DER NATUR

Im dichten Wald verborgen oder mitten in der Stadt, neben dem Supermarkt – kleine Weiher, Teiche und Regenrückhaltebecken haben viele Gesichter. Und sie sind immer einen Besuch mit der Angelrute wert.

BESUCH BEI EINEM FREUND

Wenn ich die Wahl habe zwischen großer Weite und überschaubarer Nähe, zieht es mich oft an einen dieser kleinen, fast vergessenen Teiche, versteckt im Wald oder irgendwo am Rand eines Feldweges. Diese Gewässer sprechen nicht laut, sie flüstern. Kein Wind, der große Wellen wirft, keine Boote, keine Eile sind zu sehen oder zu spüren. Nur Wasser, Binsen und vielleicht das Rufen eines Vogels vom nahen Zaunpfahl. Angeln an einem kleinen, mir bekannten Teich ist für mich wie ein Besuch bei einem alten Freund. Man kennt sich, muss nicht viel sagen. Schon beim ersten Schritt am Ufer sehe ich das klare Wasser, den auflandigen Wind. Und weiß direkt, dass hier unter den Seerosen ein alter Barsch auf meinen Wobbler wartet oder Schleien am Boden gründeln.

Erfolg kann man überall haben,
es kommt auf die Erwartung an.

MACH DIE NATUR NICHT ZUM KINO

Unter gewissen Voraussetzungen ist es faszinierend, eine Flug- oder Tauchdrohne, Unterwasserkamera oder ein Echolot mit live-Technik einzusetzen. Auch stark motorisierte Sportboote sind für manche Menschen eine sportliche und schöne Sache. In sensiblen Ökosystemen haben diese Errungenschaften jedoch nichts zu suchen. Überprüf für dich auch einmal, wie du zu einer zunehmenden Technisierung der Freizeitangelei stehst und ob sich diese mit deinem Grundverständnis von nachhaltiger Entwicklung und Naturschutz in Einklang bringen lässt.

RICHTE DICH NACH DEM FISCH

Wenn du den Fisch gelandet hast und den Angelhaken entfernst, mach dir bitte immer die Hände nass. Das gilt unbedingt, wenn der Fisch zurückgesetzt werden soll, denn er hat eine empfindliche Schleimschicht über seinen Schuppen. Dein Fisch muss immer selbstständig aus deinen Händen schwimmen, wenn das Zurücksetzen erfolgreich sein soll. Durch sorgfältige Einführung in seine natürliche Schwimmbewegung verhinderst du ein Umkippen und Abdriften des Fisches.

VORHANG AUF!

Viele belächeln diese Orte. Zu klein, zu unscheinbar, sagen sie. Doch wer hinsieht, erkennt das Gegenteil. Kleine Gewässer sind keine Miniaturen der großen Seen. Sie sind eigene Welten mit eigenen Regeln. Und sie verlangen vom Angler viel Gefühl. Ein Regenrückhaltebecken zum Beispiel, funktionell, rechteckig, scheinbar leblos. Und doch liegt da ein umgestürzter Baum im Wasser, ein Schilfgürtel leuchtet am Rand, dichte Entengrütze und Seerosen bilden einen farblichen Gegenpol. Und plötzlich ist Leben da! Kleine Rotaugen ziehen ihre Kreise, eine Libelle schwirrt über die Wasseroberfläche. Und wenn man still bleibt, sieht man mit etwas Glück einen Schwall im Wasser. Das Angeln an kleinen Gewässern lebt vom Detail. Hier kommt es beim Wurf nicht auf Weite an, sondern auf Präzision. Ein falscher Schritt am Ufer und das Wasser ist auf Stunden verbrannt. Wer sich aber auf den Teich einlässt und sich anpasst, statt ihn zu dominieren, der wird belohnt.

Viele dieser kleinen Stillgewässer haben ihre Stars. Ein überalteter Karpfen, der nur bei Südwind beißt. Ein dicker Hecht, der immer wieder morgens die kleinen Weißfische in die Ecke treibt. Oder der Barsch, der pünktlich zur Abenddämmerung zwischen zwei Ästen raubt. Es ist wie in einem Theaterstück. Und wer die Rollen kennt, kann erfolgreich sein.

PURE KRAFT

Wer an einem großen Fluss steht, spürt sofort diese besondere Energie. Die Strömung zieht unaufhörlich, das Wasser rauscht, und irgendwo tief unten passiert etwas, das unsere Fantasie aufblühen lässt.

ZEIT BRINGT FISCH

Das Angeln an großen Flüssen ist eine Kunst aus Beobachtung und Erfahrung. Die Strömung ist das dominierende Phänomen. Wo sie sich bricht, wo Kehrströmungen entstehen, wo sich Ruhezonen bilden, dort sammelt sich das Leben. Kleine Fische suchen Deckung und die Räuber folgen ihnen. Eine einzelne Buhne kann drei, vier völlig verschiedene Plätze mit unterschiedlichsten Gesichtern haben: Die Trennkante zwischen Hauptströmung und Buhnenkopf für Zander, den strömungsberuhigten Bereich inmitten der Buhne für Barsch und Hecht und ein tief ausgespültes Loch für Wels und Karpfen. Der Angeltag beginnt mit Beobachtungen. Wie verläuft die Strömung heute? Ist das Wasser gestiegen oder gefallen? Ansteigende Pegel bringen Nahrung und Beutefische in Bewegung und aktivieren Räuber. Fallende Pegel hingegen machen die Fische oft träge. Solche Zusammenhänge lernt man nicht an einem Tag, sie kommen mit Geduld, mit Zeit am Wasser. Die Geräuschkulisse an einem großen Fluss ist einzigartig. Möwen kreischen über den Buhnenfeldern, ein Kormoran taucht plötzlich auf, schüttelt sich und verschwindet wieder. Im Hintergrund das tiefe Brummen eines Schiffes, das den Strom hinaufzieht. Und mittendrin du, mit der Rute in der Hand, wie ein Teil in einem riesigen Puzzle.

KÖNIG ZANDER

Einer der faszinierendsten Fische der Ströme ist für mich der Zander. Er liebt die tiefen Strömungskanten, die Übergänge von schnell zu langsam. Mit schweren Jigköpfen tastet man den Grund ab, Wurf um Wurf, immer wieder. Manchmal ist es nur ein kaum spürbares Zucken in der Schnur und

Sich selbst wieder spüren, jede Körperzelle! Angeln führt uns zurück zu unseren Wurzeln und lässt uns längst vergessene Empfindungen wahrnehmen.

Die Elbe im niedersächsischen Wendland

plötzlich hängt ein prachtvoller Fisch am Haken. Wer diesen Moment einmal erlebt hat, vergisst ihn nie. Diesen kurzen Schlag in der Rute, den trockenen Anhieb und dann diesen dumpfen Widerstand eines guten Zanders in der Strömung. Doch nicht nur Räuber ziehen uns an Rhein, Elbe oder Donau. Große Flüsse sind die Heimat mächtiger Friedfische. Barben, die in der Hauptströmung wie der Teufel kämpfen. Brassen, die in riesigen Schwärmen umherziehen. Und schwere Karpfen, die in ruhigen Buhnenfeldern oder Altwassern ihre Bahnen ziehen. Jeder Fisch hier hat Kraft, denn er muss sich in der Strömung behaupten und Hochwassern trotzen. Jeder Drill fühlt sich hier eine Spur wilder an als anderswo.

STÖRE NICHT MIT LICHT UND E-LÄRM

Grelles Licht beim Nachtangeln solltest du immer vermeiden. Es blendet Wildtiere und verscheucht außerdem die Fische an deinem Angelplatz. Auch die Ultraschallwellen deines Echolots beim Bootsangeln sollten nicht auf Dauerbetrieb sein und zwischendurch ausgeschaltet werden. Sie stören Fische und andere Gewässerbewohner ebenso, wie abrupte Erschütterungen durch unbedachte Bewegungen im Boot oder an steinigen Ufern.

MAGISCHE NÄCHTE

Das Angeln an Strömen ist kein Ort für Hektik. Es braucht Zeit, Ruhe und Planung. Man trägt oft mehr Gerät ans Wasser. Schwere Grundmontagen, stabile Rutenhalter, Futter oder eine Box mit Ködern. Du baust dir deinen Platz auf, richtest dich ein, wirst Teil des Flusses für viele Stunden oder sogar eine ganze Nacht. Besonders dann entfaltet ein großer Strom seinen Zauber. Wenn die Lichter der Schiffe vorbeiziehen und nur das Plätschern der Wellen gegen die Steine zu hören ist, dann spürt man diese tiefe Verbundenheit. In der Dunkelheit lauern kapitalste Waller dicht unterhalb des Buhnenkopfes – jeder Wurf wird zu einer Begegnung mit dem Unbekannten. Ich habe viele Nächte so verbracht, mit einer kleinen Lampe am Ufer, der Rute neben mir, und dem stetigen Klang der Strömung im Ohr. Wenn dann plötzlich ein Fisch beißt, ist der Moment umso intensiver.

SPUNDWAND UND SCHLEUSENTOR

Auch unsere Häfen und Kanäle sind faszinierende Angelreviere – Orte, an denen sich urbane Kultur und wilde Natur auf überraschende Weise begegnen. Hier, zwischen Spundwänden, Dalben und Schleusentoren, pulsiert das Leben.

REVIER FÜR ÜBERLEBENSKÜNSTLER

Heute hat sich auch in unseren Industriegewässern vieles verbessert. Die Gewässergüte ist in vielen Regionen besser geworden, der Fischbestand hat sich erholt. Zander, Barsche und Rapfen sind die Könige dieser urbanen Reviere geworden. Sie finden in der Strukturvielfalt der Häfen und Kanäle ideale Bedingungen wie Strömungskanten an Schleusen, Schattenzonen unter Brücken, Kehrströmungen hinter Dalben. Wo Menschen arbeiten, transportieren, lagern, da finden Fische Schutz und Nahrung. Doch gerade weil Häfen und Kanäle Lebensadern für unsere Städte sind, tragen wir Angler hier eine besondere Verantwortung. Müll, Ölreste, Mikroplastik, ständiger Lärm und Dauerbeleuchtung setzen den Ökosystemen zu. Nachhaltiges Angeln bedeutet deshalb hier, diese Belastungen nicht noch zu verstärken. Wer hier fischt, sollte den Fang mit besonderer Achtsamkeit behandeln. Denn die Fische in Industriegewässern sind Überlebenskünstler in einer vom Menschen stark veränderten Umwelt.

Angeln in Häfen und Kanälen heißt auch, sich Regeln zu beugen. Diese Gewässer dienen in erster Linie der Schifffahrt und nicht uns Anglern. Sicherheitsabstände zu Schiffen, Schleusen und Betriebsanlagen sind einzuhalten. Wer hier fischt, ist Gast und sollte sich auch so verhalten. Rücksicht gegenüber Spaziergängern,

Der Hamburger Hafen ist auch ein spannendes Revier zum Angeln.

Malerischer, kleiner Elb-Hafen

MACH IM WINTER EINEN BOGEN UM SEHR TIEFE STELLEN

Such deine Angelplätze besonders im Winter gewissenhaft aus, vor allem beim Angeln vom Boot aus. In Wassertiefen unter 10 Metern solltest du Fische niemals zu schnell zur Wasseroberfläche drillen. Das gilt vor allem für Zander und Barsch. Sie haben dann große Schwierigkeiten, den Druckausgleich zu schaffen und sind kaum noch lebensfähig zurückzusetzen. Sind hier nur Massenfänge kleiner Fische die Motivation, solltest du diese Stellen meiden und stattdessen nach Fanggründen für größere Fische suchen, die du auch verwerten kannst.

Radfahrern oder den Menschen, die dort arbeiten, ist ebenso wichtig wie der respektvolle Umgang mit dem Wasser selbst.

ANGELN ALS CHANCE

Für mich liegt der Zauber dieser Orte im scheinbaren Widerspruch. Zwischen Betonwänden, Containern und Krangestellen blitzt plötzlich ein silberner Rapfen aus dem Wasser, durchbricht ein Schwarm Rotaugen die Oberfläche, oder ein Barsch attackiert den Köder im klaren Schatten eines Brückenbogens. Diese Momente zeigen, wie widerstandsfähig und zugleich verletzlich die Natur ist. Sie erinnern uns daran, dass selbst dort, wo wir Menschen am stärksten eingreifen, Leben seinen Platz findet. Ich wünsche mir, dass wir Angler in diesen urbanen Revieren nicht als stille Konsumenten auftreten, sondern als Botschafter. Wer eine Angelrute in der Hand hält, fällt auf. Menschen bleiben stehen, fragen und wundern sich. Diese Begegnungen sind eine großartige Chance. Wir können erklären, was unter der Wasseroberfläche geschieht und warum es wichtig ist, dieses Leben zu schützen. So wird das Angeln in Häfen und Kanälen nicht nur zu einem persönlichen Erlebnis, sondern auch zu einem Beitrag für mehr Bewusstsein in der Gesellschaft.

KLEIN ABER OHO

Es gibt Orte, die man nicht auf Karten findet. Schmale Bäche, kaum breiter als ein Feldweg, die sich durch Wiesen und Wälder schlängeln, verborgen unter Weiden und Erlen.

HEIMLICH, STILL UND LEISE

Hier beginnt das Angeln nicht mit einem lauten Aufschlagen des Köders oder schweren Ruten auf Rutenständern. Es beginnt mit leisen Schritten, geduckter Haltung und dem Gefühl, dass jeder Wurf zählt. Ich liebe diese Bäche! Sie sind keine Gewässer für Bequemlichkeit, sondern für Aufmerksamkeit. Die Fische hier, Forellen und Döbel, sind berüchtigt für ihr Misstrauen. Sie kennen jeden Schatten, jedes Geräusch. Wer sie überlisten will, muss eins werden mit dem Bach und darf nicht auffallen. Schon beim ersten Blick ins Wasser erkennst du, wie es lebt. Kleine Wirbel hinter Steinen verraten Strömungsschatten, überhängende Büsche werfen dunkle Schatten auf den Grund. Genau dort lauern die Forellen, perfekt getarnt, den Kopf gegen den Strom gerichtet. Sie sind Jäger aus dem Hinterhalt, blitzschnell, aber vorsichtig. Ein falscher Schritt, eine zu schnelle Bewegung und sie verschwinden in einer Staubwolke, als hätte es sie nie gegeben. Die Döbel sind anders. Sie patrouillieren im Mittelwasser, ziehen träge zwischen Ästen und Unterständen. Sie sind neugierig, oft sogar verspielt. Aber leider auch ebenso misstrauisch. Ein ungenau geworfener Köder und sie gleiten davon. Gemächlich, als hätten sie alle Zeit der Welt.

MITTENDRIN

An kleinen Bächen ist Tarnung sehr wichtig. Ich trage gedeckte Kleidung, bewege mich langsam, krieche oft auf Knien ans Wasser. Die Würfe sind kurz und präzise, die Köder klein und leicht. Ein winziger Spinner mit Einzelhaken unter den Ast, eine Brotflocke sanft in die Strömung gelegt. Oder eine winzige Nymphe, die im Wasser tanzt wie ein Insekt. Es ist eine Jagd mit feinem Pinselstrich. Diese kleinen Bäche schenken keine Großfänge. Aber sie schenken etwas Wertvolleres: Nähe zum Fisch und zur Natur. Du bist mittendrin, knieend

Kleiner Bach, große Forelle!

An Kleingewässern muss der Köder sehr natürlich sein.

im Gras, barfuß im Wasser. Es ist fast wie eine Rückkehr in die Kindheit, als Angeln noch Abenteuer bedeutete und jeder Biss ein kleines Wunder war. Besonders im Frühjahr, wenn die Bäche voller kaltem und klarem Wasser sind und Insekten über der Oberfläche tanzen, zeigen sie ihr schönstes Gesicht. Forellen steigen dann auf Trockenfliegen, Döbel schnappen nach allem, was ins Wasser fällt. Im Sommer hingegen sind sie vorsichtiger, suchen Schatten und tiefe Gumpen. Im Herbst schließlich stehen die Fische konzentriert an wenigen Stellen, tief, ruhig und träge.
Das Angeln an kleinen Bächen ist wie ein Dialog auf Augenhöhe. Du jagst nicht, du schleichst, beobachtest, passt dich an. Jeder Fisch ist verdient, jeder Fang ein stiller Erfolg.

KEIN LAND IN SICHT

Nord- und Ostsee bieten uns atemberaubendes Angeln auf Wolfsbarsche, Meerforellen, Plattfische und Heringe. Im Sommer kommen dann die Makrelen. Doch gerade am Meer gilt, dass Angeln weit mehr ist als nur Fische zu fangen

FOTOGRAFIERE SCHNELL UND FISCHGERECHT

Meistens spricht nichts dagegen, wenn du deinen Fisch fotografieren möchtest. Wenn du den Fisch entnimmst, töte ihn immer erst vor dem Hakenlösen und Fotografieren. Wenn du deinen Fisch zurücksetzt, muss das Foto schonend und in kurzer Zeit gemacht werden. Länger als 30 Sekunden darf das gesamte Handling mit dem Fang nicht dauern! Bei großer Hitze verzichte besser auf eine Entnahme des Fisches für ein Foto. Es ist grundsätzlich am besten, den Fisch knapp über der Wasseroberfläche und mit nassen Händen festzuhalten. Sollte er dir dabei aus den Händen gleiten, ist er sofort zurück und sicher in seinem Element.

WEIT UND UNGEZÄHMT

Wenn ich am Morgen die Dünen hinter mir lasse, der Wind nach Salz riecht und vor mir nur noch das Meer liegt – dann bin ich angekommen. Diese endlose Fläche, die in der Ferne mit dem Himmel verschmilzt, macht dich klein und frei zugleich. Hier draußen, wo das Wasser nie stillsteht, beginnt das Angeln bereits mit dem ersten tiefen Atemzug. Aber das Meer ist auch unberechenbar. Es verändert sich mit jeder Flut, mit jedem Sturm. Fast alle Fischarten kommen mit der Flut, auch wenn sie an der Ostsee längst nicht so hoch aufläuft wie an der deutschen Nordseeküste. Weiter oben, in Dänemark, gleichen sich die Tiden an West- und Ostküste stark an und der Tidenhub (also der Unterschied zwischen Ebbe und Flut) beträgt maximal einen halben Meter. Auch heute steht das Wasser in Ostholstein hoch, ich angle auf einem großen Riff und habe mir dort einen flachen Stein erkämpft, auf dem ich mit meiner Wathose stehe. Der Wind kommt ruppig auflandig und die Brandung ist ordentlich, das Wasser leicht angetrübt. Es sind perfekte Bedingungen, um eine Meerforelle zu fangen. Dennoch werfe ich Stunde um Stunde. Noch fühlt sich alles magisch an und ich bin motiviert – doch irgendwann wird dieser Punkt kommen, an dem die Kräfte schwinden und die Gedanken langsamer werden. Heute aber nicht! Wie aus dem Nichts kommt ein harter Einschlag auf meinen Küstenblinker. Fast zeitgleich springt ein silberner Leib aus dem Wasser, den ich nach zwei, drei Minuten Kampf im Kescher bergen kann. 55 Zentimeter blanke Kraft. Ich versorge den Fisch direkt und brate ihn wenig später am Strand auf meinem kleinen Spirituskocher. Meeresangeln, wie man es sich schöner nicht erträumen kann.

SILBERRAUSCH

Doch das Meer bietet mehr als Meerforellen. Im Frühsommer kommen die

Me(h)er geht nicht – oder?

Kraft tanken, in der Welle stehen!

Hornhechte. Sie ziehen in langen, silbrigen Schwärmen dicht unter der Oberfläche entlang, leicht zu erkennen an ihren Sprüngen und dem Glitzern im Wasser. Ihr Biss ist kein Schlag, eher ein spitzes Zupfen. Und wenn du anschlägst, explodiert das Wasser. Es ist kein harter Kampf, aber ein Spaß, der süchtig macht. Stundenlang kann man Hornhechte fangen, während Möwen kreischen und das Meer leise rauscht. Im Überfluss ist das oberste Gebot, Maß zu halten und jeden einzelnen Fisch respektvoll und schnell zu versorgen. Wenn wir genug für die Küche gefangen haben, beenden wir das Angeln. Das Gleiche gilt, wenn große Makrelen- oder Heringsschwärme in unsere Wurfweite kommen. Im Frühjahr ziehen Heringe in großen Schwärmen in die Förden und Häfen. Dicht gedrängt, manchmal so nah, dass das Wasser zu leben scheint. Dann reicht ein einfacher Heringspaternoster (ein System mit mehreren Haken – bitte auf die Menge der vorgeschriebenen Haken achten) und fast jeder Wurf bringt mehrere silbrig blitzende Fische ans Licht. Makrelen kommen schwarmweise im Hochsommer in Küstennähe und beißen dann, ebenfalls oft reichlich, auf kleine Blinker oder etwas größere Paternoster, als wir sie auf Heringe verwenden. Beides ist kein leises Angeln, sondern ein Fest. Ein Fest für Angler, Möwen und jeden, der das wilde Treiben miterlebt.

BUTTCHE, BUTTCHE IN DE SEE

Und dann gibt es die Plattfische, Schollen, Klieschen, Flundern – manchmal auch einen Steinbutt. Das Angeln auf diese typischen Meeresbewohner ist ruhiger, fast schon meditativ. Eine einfache Grundmontage, beködert mit Watt- oder Seeringelwurm, ist die klassische Methode. Ausgeworfen wird der Köder vom sandigen Strand, einer Hafenmole oder vom Boot aus über sandigen Flächen – und dann heißt es warten. Der Biss ist fast immer vorsichtig, ein leichtes Nicken der Rutenspitze, manchmal kaum zu sehen. Wer jetzt geduldig ist und nicht zu früh den Anhieb setzt, hebt kurze Zeit später einen dieser schönen und delikaten Fische aus dem Wasser. Und erfreut sich an ihren orangen oder roten Flecken und Punkten, die so schön leuchten im grauen Wasser.

Wer es ein bisschen aktiver liebt, der kann anstelle des Grundbleies auch einen Pilker oder einen schweren Meerforellen-Blinker als Wurfgewicht verwenden, jeweils ohne Haken. Die beste Wahl ist aber ein sogenannter Buttlöffel, der den Sandboden aufwühlt und die Plattfische so zusätzlich zum Anbiss motiviert. Bei dieser Methode wird der Wurm entweder als Nachläufer an einem Einzelhaken mit Vorfach hinter dem Köder hergezogen. Oder er wird dem Gewicht am Seitenarm vorgeschaltet. Auch beide Haken lassen sich montieren und können dann im besten Fall sogar Doppelfänge bringen.

Egal, auf welche Fischart wir unseren Köder auswerfen: Das Meer verlangt Anpassung. Mal stehst du knöcheltief im flachen Wasser, mal watest du weit hinaus, mal wirfst du von einer Mole in die Brandung und mal sitzt du entspannt im Boot. Windrichtung und Gezeiten entscheiden, wo die Fische stehen. Auflandiger Wind treibt Nahrung ans Ufer und bringt die Räuber dicht unter Land. Gut für uns, schlecht für die Fische!

VERMEIDE IMMER DAS HAKEN VON AUSSEN

Zufällige Fänge von Laichfischen oder von außen gehakten Fischen solltest du unbedingt verhindern. Angeln ist die Kunst, Fische zu überlisten, die deinen Köder auch wirklich fressen wollen – nicht, sie zufällig oder gar vorsätzlich von außen zu haken. Informier dich zu diesem Zweck genau über Laichgebiete und andere Reviere, die von den Fischen zum Schutz oder zur natürlichen Vermehrung aufgesucht werden.

Perfekt imitiert – dieser Barsch stand auf Entlein.

Was zum Angeln?

Die Angelrute ist die Verbindung zwischen Angler und Fisch, der verlängerte Arm, mit dem wir unsere Köder präsentieren, Bisse spüren und Drills führen. Hier kommt ein kleiner Überblick für den umweltbewussten Angler.

Früher besaßen Angler oft nur eine oder zwei Ruten, die für viele Methoden genutzt wurden. Heute verführen uns Fachgeschäfte und Online-Shops mit einer schier unendlichen Vielfalt an Spezialruten. Natürlich macht es Sinn, für das feine Forellenfischen eine andere Rute zu wählen als für das schwere Hechtangeln. Doch wer jede Saison mehrere neue Ruten kauft, produziert auch einen ökologischen Fußabdruck. Herstellung, Transport und irgendwann die Entsorgung fordern ihren Tribut. Nachhaltigkeit bedeutet hier nicht Verzicht, sondern bewusste Auswahl. Eine gut abgestimmte Allround-Spinnrute deckt viele Situationen ab. Eine sensible Feederrute oder eine mittlere Posenrute reicht für fast alle Friedfischarten. Wer seine Bedürfnisse kennt, spart nicht nur Geld, sondern reduziert auch den Verbrauch von Ressourcen.

MATERIAL UND QUALITÄT – LIEBER EINMAL RICHTIG KAUFEN

Moderne Angelruten bestehen meist aus Kohlefaser, Lackierung, Griffmaterial wie Kork und Kunststoff und hochwertigen Ringen. Diese Materialien sind langlebig, wenn sie gut gepflegt werden. Sehr billige Ruten landen oft nach wenigen Einsätzen im Müll. Nachhaltiger ist es, eine hochwertigere Rute zu wählen, die man lange benutzt. Ökologische Gesichtspunkte spielen zunehmend eine Rolle. So setzen einige Hersteller bewusst auf emissionsärmere Fertigung oder recycelte Materialien für Griffe und Verpackungen. Solche Produkte sollten wir unterstützen, wenn wir wirklich bewusster angeln möchten. Eine Angelrute kann Jahrzehnte halten, wenn wir sie pfleglich behandeln. Nach jedem Einsatz sollte sie kurz gereinigt werden, besonders nach dem Salzwasserangeln. Transporthüllen und Rutenrohre schützen vor Bruch, und lose Ringe sollten rechtzeitig nachgeklebt werden. Selbst größere Schäden wie eine gebrochene Ringeinlage oder eine defekte Spitze lassen sich oft kostengünstig reparieren. Statt eine Rute bei kleinen Defekten sofort zu ersetzen, lohnt der Gang zum Fachhändler oder zum Rutendoktor. Reparatur verlängert die Lebensdauer, spart Geld und schont Ressourcen. Wer nachhaltig angelt, pflegt seine Ausrüstung so sorgfältig wie sein Gewässer.

Eine Meerforellenrute – vielleicht ja auch das Richtige für Rapfen, Hechte oder Karpfen?

MULTIFUNKTION STATT ÜBERKONSUM

Ein besonders nachhaltiger Ansatz ist der bewusste Einsatz von Ruten, die mehrere Angelarten abdecken. Eine 2,70 Meter lange Spinnrute mit mittlerem Wurfgewicht kann für Hecht, Zander und Barsch ebenso taugen wie für das leichte Meeresangeln. Eine sensible Matchrute dient sowohl zum Posenfischen auf Rotaugen als auch zum leichten Schleien-Ansitz. Eine Karpfenrute kann ideal zum Angeln mit totem Köderfisch auf Hecht und Zander oder sogar zum leichten Brandungsangeln im Meer sein. Diese Multifunktionalität reduziert nicht nur die Anzahl der benötigten Ruten, sondern macht uns auch flexibler. Wer mit weniger, aber vielseitiger Ausrüstung unterwegs ist, spart Gewicht, schont Ressourcen und konzentriert sich auf das Angeln selbst. Zudem platzt das Angelzimmer zu Hause nicht aus allen Nähten und wir versinken nicht so leicht im Material-Chaos. Auch bei Kleinteilen lohnt sich ein Blick auf die Umweltbilanz. Korkgriffe aus nachhaltiger Forstwirtschaft, Rutenhalter aus langlebigen Materialien statt Billigplastik und wiederverwendbare Transportrohre (vielleicht aus Metall) sind kleine, aber wichtige Beiträge. Zudem sollten alte Ruten nicht achtlos entsorgt werden. Viele Vereine oder Jugendgruppen freuen sich über gebrauchte, aber funktionstüchtige Geräte für ihre Nachwuchsarbeit. Hier ein paar Empfehlungen für eine bewusste Rutenwahl, die unseren ökologischen Fußabdruck klein hält:

Spinnruten

Einsatz: Raubfischangeln (Hecht, Zander, Barsch), Meerforelle an der Küste

Merkmale: Leicht, schnell in der Spitze für direkte Köderführung

Nachhaltigkeitstipp: Eine mittelstarke Spinnrute (2,50 – 3,00 m, 20 – 60 g) deckt viele Situationen ab und macht Spezialruten oft überflüssig.

Feederruten

Einsatz: Grundangeln auf Friedfische wie Brassen, Rotaugen oder Schleie

Merkmale: Wechselspitzen für unterschiedliche Strömungsstärken, hohe Sensibilität für feine Bisse

Nachhaltigkeitstipp: Eine mittlere Feederrute eignet sich sowohl für Flüsse als auch für Seen und ersetzt mehrere spezialisierte Modelle.

Matchruten

Einsatz: Präzises Posenfischen auf Weißfische und kleinere Karpfen

Merkmale: Schlanke Blanks, feine Schnurführung, ideal für leichte Montagen

Nachhaltigkeitstipp: Matchruten sind perfekte Allroundgeräte für Gewässer ohne Strömung und können auch mit kleinen Grundmontagen genutzt werden.

Karpfenruten

Einsatz: Zielfischangeln auf Karpfen oder große Schleien und Barben

Merkmale: Längere Ruten (3,60 – 3,90 m), kräftiges Rückgrat für weite Würfe und starke Drills

Nachhaltigkeitstipp: Eine einzelne Karpfenrute kann auch für den Raubfisch-Ansitz und zum leichten Meeresangeln eingesetzt werden.

Meeresruten

Einsatz: Küsten- und Bootsangeln auf Plattfisch und Makrele

Merkmale: Hohe Belastbarkeit, robust gegen Salzwasser

Nachhaltigkeitstipp: Eine robuste und lange Spinnrute, Grundrute oder Karpfenrute deckt auch das leichte Meeresangeln ab. Ideal für Angler, die nur gelegentlich ans Meer fahren.

Wer seine Ruten bewusst auswählt und vielseitig nutzt, spart nicht nur Platz und Kosten, sondern reduziert auch die Umweltbelastung durch Herstellung und Transport. Eine Handvoll gut gewählter Ruten reicht oft für ein ganzes Anglerleben und fördert einen nachhaltigeren Umgang mit unserem Hobby.

ROLLEN MÜSSEN LAUFEN

Die Angelrolle ist ein Herzstück unserer Ausrüstung. Sie ist nicht nur ein Werkzeug, um Schnur aufzuwickeln, sondern sie verbindet uns mit dem Fisch im entscheidenden Moment des Drills.

QUALITÄT STATT QUANTITÄT

Eine gut gewählte und liebevoll gepflegte Rolle steht für Präzision, Vertrauen und Nachhaltigkeit. In Zeiten immer neuer Modelle und Trends fällt es leicht, der Versuchung zu erliegen, jedes Jahr eine neue Rolle zu kaufen. Doch nachhaltig ist das nicht. Eine hochwertige Rolle, die über Jahre zuverlässig arbeitet, ist die bessere Wahl für die Umwelt und für den Geldbeutel. Sie vermeidet Müll, reduziert den Bedarf an Rohstoffen und schenkt uns die Sicherheit, die wir beim Angeln brauchen.

Diese Rolle war ein guter Kauf: Sie ist inzwischen seit mehrt als 10 Jahren im Einsatz – sowohl im Süß- als auch im Salzwasser.

MATERIALIEN UND NACHHALTIGKEIT

Moderne Angelrollen bestehen vor allem aus Aluminium, Edelstahl und Carbon-Verbundstoffen. Diese Materialien sind langlebig und belastbar, aber ihre Herstellung ist energieintensiv. Deshalb lohnt es sich, in Rollen zu investieren, die lange halten und deren Ersatzteile langfristig verfügbar sind. Hier lohnt sich ein kritisches Nachfragen beim Fachhändler oder in einem unabhängigen Internet-Forum. Einige Hersteller setzen auf nachhaltigere Konzepte mit regionaler oder emissionsärmerer Fertigung, recycelten Verpackungen oder sogar Rollen mit austauschbaren Komponenten. Eine oder zwei passende Ersatzspulen ersetzen zum Beispiel überflüssige Neukäufe kompletter Rollensysteme. Wer beim Kauf darauf achtet, unterstützt nicht nur die Umwelt, sondern auch eine verantwortungsbewusstere Produktionskette. Eine Rolle kann Jahrzehnte halten, wenn wir sie pflegen. Nach jedem Einsatz, besonders am Meer, sollte sie mit Süßwasser abgespült und getrocknet werden. Regelmäßiges Fetten des Getriebes und Ölen der Lager und beweglicher Teile verhindert Verschleiß und erhält die Leichtgängigkeit. Auch kleine Defekte, wie eine schwergängige Bremse oder eine gebrochene Kurbel, sind kein Grund für einen Neukauf: Viele Rollen lassen sich reparieren, Ersatzteile können nachbestellt werden.

Erfahrungsgemäß reicht eine kleine Auswahl:

Zwei Stationärrollen mit E-Spulen
für Spinn- und Allroundangeln

Zwei robuste Rollen mit E-Spulen
für Karpfen- oder Grundfischerei

Optional je eine spezielle Rolle mit E-Spule
für Meeres- oder Fliegenfischen

VORSICHT BEI HÄNGERN

Statt für jede Methode eine eigene Rolle zu kaufen, lässt sich vieles kombinieren. Eine mittlere oder große Stationärrolle eignet sich zum Beispiel für Raubfisch, Friedfisch und sogar leichtes Meeresangeln. Die Handhabung ist ebenfalls entscheidend für einen langen Werterhalt und somit nachhaltiges Handeln. Bitte Rollen niemals mit Sand, Schlamm oder Salzwasser direkt in Berührung bringen. Und nie die Bremse zukeilen, um einen Hänger über die Rolle zu lösen! Immer den Bügel öffnen, die Schnur um einen Stock legen und dann den Hänger lösen. So müssen Rollengetriebe und Schnurlaufröllchen nicht leiden. Wer sich dann noch bewusst für Qualität entscheidet, pflegt und repariert, statt wegzuwerfen, verhält sich vorbildlich im Sinne einer umweltgerechten Freizeitfischerei. Hier habe ich euch einen kleinen Leitfaden zur Rollenpflege und zum Werterhalt eurer guten Stücke zusammengestellt:

1. Nach jedem Angeln reinigen

Besonders nach Salzwasser-Einsätzen wichtig: Rolle äußerlich mit Süßwasser abspülen, dabei nicht direkt ins Getriebe spritzen. Anschließend mit einem weichen Tuch trocknen und offen an der Luft lagern.

2. Regelmäßiges Schmieren

Alle paar Monate die Lager mit feinem Rollenöl schmieren. Getriebe und Schneckenwelle mit speziellem und vom Hersteller empfohlenen Rollenfett behandeln, um die Leichtgängigkeit zu erhalten.

3. Bremse entlasten

Nach jedem Einsatz die Bremse vollständig öffnen, um dauerhaften Druck auf die Bremsbeläge zu vermeiden.

4. Korrosion vorbeugen

Rollen nicht feucht in der Tasche lagern. Sand oder Schmutz sofort entfernen, um Schäden an Schnurlaufröllchen und Bremse zu verhindern.

5. Ersatzteile und Reparatur

Kleine Defekte wie verbogene Bügel oder defekte Kurbeln reparieren lassen. Ersatzspulen vergrößern die Einsatzmöglichkeiten, zum Beispiel durch unterschiedliche Schnurstärken.

6. Winterpause nutzen

Rolle zerlegen (alternativ im Fachhandel oder beim Rollendoktor warten lassen), reinigen und neu fetten. Schnur vor der neuen Saison prüfen, umspulen oder gegebenenfalls erneuern.

Manchmal muss man alles geben, damit die Rolle nicht im Salzwasser eintaucht! Auch Sand und Bodensediment, das durch Regentropfen an abgelegte Rollen gelangt, können die feinen Rollengetriebe schädigen.

DER SPINNE AUF DER SPUR

Ohne Angelschnur kein Angeln! Die Schnur hat eine grundlegende Rolle beim Fischfang und muss stärkste Belastungen aushalten. Gerade das macht sie aber auch zu einem gefährlichen Werkzeug für die Natur.

MONOFIL ODER GEFLOCHTEN?

Die Angelschnur ist die unsichtbare Verbindung zwischen Angler und Fisch, und ihr Zustand entscheidet über Erfolg oder Misserfolg, über saubere Drills und schonendes Landen. Doch kaum ein anderer Ausrüstungsgegenstand birgt so viel Potenzial für Umweltschäden, wenn er achtlos entsorgt wird. Wer nachhaltig angelt, denkt auch bei der Wahl und Pflege der Schnur mit. Nachhaltigkeit bedeutet hier, nicht jedem Trend hinterherzulaufen und hunderte Marken und Farben zu kaufen. Schnur muss bewusst für die jeweilige Methode ausgewählt werden. Lasst uns zuerst auf die beiden unterschiedlichen Schnurtypen schauen, die wir auf unsere Rolle aufspulen können: **Monofile Schnüre** bestehen aus einem einzigen Nylonstrang. Sie sind dehnbar, verzeihen Fehler im Drill und sind günstig. Ihre glatte Oberfläche eignet sich gut für das Posen- und Friedfischangeln und auf Fische mit weichen Mäulern, wie Forellen und Barsche. Allerdings ist eine Mono sehr UV-empfindlich und muss häufig am Saisonende ersetzt werden. **Geflochtene Schnüre** sind aus vielen feinen Kunststofffasern verflochten und zeichnen sich durch unglaubliche Tragkräfte bei geringen Durchmessern aus. Extreme Wurfweiten und geringer Wasserwiderstand sind riesengroße Vorteile im praktischen Einsatz. Außerdem haben Multifile keine Dehnung. Im Gegensatz zu Monoschnüren sind sie allerdings oft sehr teuer, weniger abriebfest, komplizierter zu knoten, nicht farbbeständig und frieren bei Frostluft ein.

HALTBARKEIT UND PFLEGE

UV-Licht, Schmutz und Salzwasser setzen unseren Schnüren zu. Wer sie nach dem Angeln kurz mit klarem Wasser abspült, verlängert ihre Le-

Kapitale Meerforelle gelandet – eine Feuertaufe für die dünne, geflochtene Schnur!

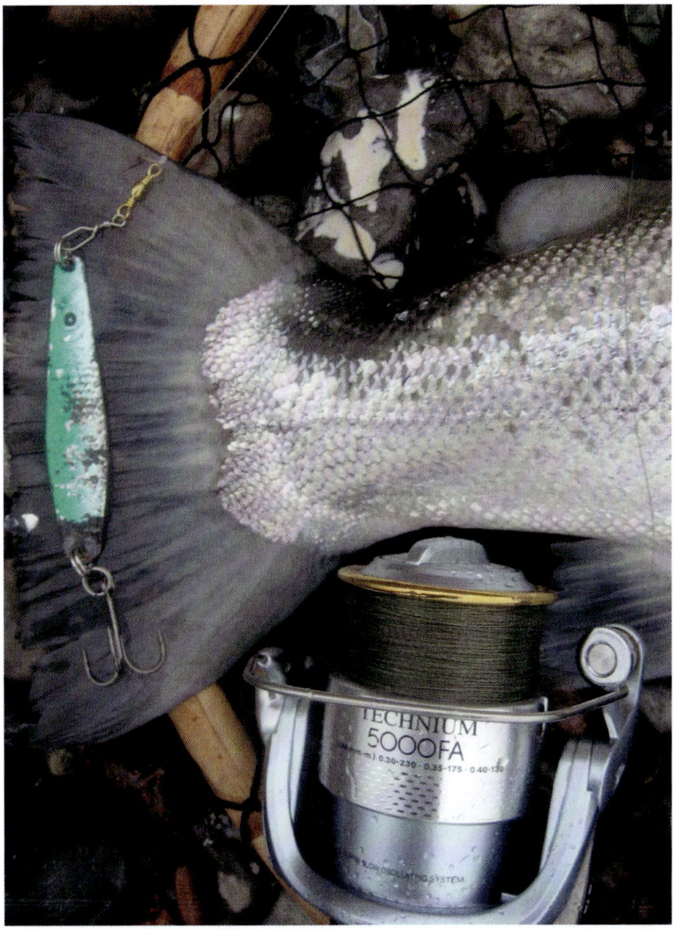

bensdauer erheblich. Auch das regelmäßige Kürzen der ersten Meter, die durch Knoten und Abrieb beansprucht werden, verhindert spätere Probleme. Geflochtene Schnüre können oft einfach umgespult werden: Die bislang ungenutzte Schnur vom Inneren der Rollenspule wird dabei nach außen gelegt und fängt praktisch wie neu an. So reduziert man Abfall und spart Kosten.

RESTE UND ENTSORGUNG – EIN SENSIBLES THEMA

Kaum etwas schadet Gewässern so sehr wie herumliegende Angelschnur. Selbst kleinste Reste können Vögel, Fische und alle anderen Tiere gefährden. Auch kleinste Schnurreste müssen deshalb konsequent mitgenommen und fachgerecht entsorgt werden. Am besten in geschlossenen Behältern, damit sie nicht verweht werden. Einige Vereine bieten inzwischen spezielle Sammelbehälter für Angelschnüre an, mancher Hersteller verkauft praktische Mülleimer, die leicht an der Weste oder dem Rucksack befestigt werden können. Die Industrie arbeitet an innovativen Lösungen, wie vollständig recycelten oder biologisch abbaubaren Monofilen. Letztere zersetzen sich im Wasser schneller als herkömmliche Schnüre und reduzieren das Risiko für die Tierwelt. Noch sind diese Produkte nicht so langlebig wie klassische Schnüre, aber sie zeigen eine Richtung, die in den kommenden Jahren an Bedeutung gewinnen wird. Auch Fliegenschnüre oder Vorfachmaterialien sind inzwischen oft mit recyclingfähigen Spulen und Verpackungen versehen. Wer bewusst kauft, unterstützt die Hersteller, die nachhaltiger produzieren und denen unsere Zukunft am Herzen liegt.
Eine starke Schnur reißt nicht nur seltener, sie erlaubt auch ein sauberes Landen und schnelles Zurücksetzen von Fischen. Unsere Schnüre sollten wir regelmäßig kontrollieren, Knoten sauber binden und im Zweifel lieber austauschen oder einkürzen, bevor es zu Abrissen kommt. Jeder verlorene Köder und jeder Schnurrest bedeutet zusätzliche Belastung für die Natur.

Ein dicker Heilbutt lässt einer zu dünnen Schnur keine Chance.

ALLES HAT EIN ENDE

Das Vorfach ist eines der unscheinbarsten, aber wichtigsten Elemente unserer Angelausrüstung. Es entscheidet oft darüber, ob wir einen Fisch sicher landen oder ihn verlieren.Gleichzeitig hat es eine enorme Bedeutung für ein nachhaltiges Angeln, denn Vorfächer sind die Schnittstelle zwischen Fisch und Haken. Genau hier können wir einiges dafür tun, Fische schonend zu behandeln und unnötige Belastungen der Gewässer zu vermeiden. Ein Vorfach soll unauffällig sein, Bisse ermöglichen, den Fisch sicher führen und den Köder natürlich präsentieren. Gleichzeitig schützt es vor Abrieb an Hindernissen oder den scharfen Zähnen von Hechten. Eine gute Vorfachwahl trägt nicht nur zum Fangerfolg bei, sondern auch zur Schonung von Fisch und Material.

MATERIALIEN UND IHRE BEDEUTUNG

Es gibt eine Vielzahl an Vorfachmaterialien, die jeweils ihre Vor- und Nachteile haben:

Nylon: Klassisch und günstig. Sie sind leicht zu knoten, dehnbar und unauffällig. Perfekt für Friedfische oder vorsichtige Räuber wie Barsch

Beim Hecht gibt es keine Diskussion: Stahlvorfächer sind am besten!

SETZ ROBUSTES MATERIAL EIN

Angle mit Schnüren und Vorfächern, die stark genug sind, und verkleinere somit die Gefahr, dass ein Fisch mit dem Haken im Maul davonzieht. Hechte beangeln wir nur mit einem Stahlvorfach oder gleichwertigen bissfesten Materialien. Auch ein unangemessen langes Drillen von Fischen mit zu leichten Ruten und zu dünnen Schnüren ist nicht im Sinne einer fischgerechten Angelei.

Fluorocarbon ist das Top-Vorfachmaterial für Barsch und Zander. Leider ist es aber auch das problematischste, unter Umwelt-Aspekten.

oder Forelle. Nachteil: Sie sind weniger abriebfest und müssen häufiger gewechselt werden.

Fluorocarbon: Fast unsichtbar unter Wasser und sehr abriebfest. Ideal für scheue Räuber in klaren Gewässern. Allerdings ist es härter und weniger flexibel, was das Binden von Knoten etwas anspruchsvoller macht. Ökologisch gesehen ist es aber das bedenklichste Material, das wir einsetzen können.

Stahl- oder Titanvorfächer: Pflicht beim Hechtangeln. Sie verhindern sicher das Durchbeißen der Schnur. Titan ist langlebiger und knickfrei, aber deutlich teurer.

Ein korrekt gewähltes Vorfach ist ein aktiver Beitrag zur Fischschonung. Ein zu schwaches oder falsches Material führt zu Abrissen und der Köder belastet das Gewässer. Oder der Fisch schwimmt, im schlimmsten Fall, mit Haken und Schnur davon, was sein Überleben gefährdet.

UMWELTASPEKTE BEI VORFÄCHERN

Abgerissene Vorfächer sind eine Belastung für die Gewässer. Besonders Fluorocarbon verbleibt lange im Wasser, wenn es verloren geht. Deshalb ist es wichtig, immer auf Materialqualität zu achten, regelmäßig zu kontrollieren und verschlissene Vorfächer zu ersetzen, bevor es zu Problemen kommt. Das eigene Binden von Vorfächern hat gleich mehrere Vorteile: Es spart Geld, reduziert Verpackungsmüll und erlaubt es, Länge, Stärke und Komponenten exakt den eigenen Bedürfnissen anzupassen. Einfache Knoten wie der Clinch-Knoten oder Albright-Knoten genügen für die meisten Anwendungen und sind schnell erlernt.

Stahlvorfächer lassen sich mit Quetschhülsen und einer Spezialzange oft viel stabiler bauen, als man sie im Fachhandel bekommt. Zudem können wiederverwendbare Wirbel und Karabiner genutzt werden, anstatt ständig neue Vorfächer zu kaufen. Das verlängert die Nutzungsdauer der Komponenten und spart Ressourcen.

KLEINE HELFER

Wer nachhaltig und umweltbewusst angeln möchte, kommt um das richtige Zubehör nicht herum. Manches Kleinteil ist sogar in vielen Vereinssatzungen oder Fischereigesetzen vorgeschrieben.

PFLICHTAUSRÜSTUNG FÜR WAIDGERECHTES ANGELN

Viele Werkzeuge und Hilfsmittel sind nicht nur sinnvoll, sondern vielerorts

vorgeschrieben. Sie dienen dem Fischwohl und verhindern unnötiges Leiden.
Fischtöter und Messer: Für schnelles, waidgerechtes Töten
Maßband oder Fischmaß: Zur Kontrolle von Schonmaßen
Abhakwerkzeuge: Zange, Hakenlöser oder Arterienklemme für schonendes Hakenlösen
Kescher mit gummiertem Netz: Für fischschonendes Landen und Zurücksetzen.
Abhakmatte: Zum Hakenlösen und Vermessen des Fisches am Ufer und im Boot

NÜTZLICHES FÜR NACHHALTIGES ANGELN

Neben der Pflichtausrüstung gibt es Zubehör, das unser Angeln noch schöner und erfolgreicher gestaltet:
Polarisationsbrille: Schützt die Augen und reduziert Reflexe auf der Wasseroberfläche.
Hakenfeile: Sorgt für scharfe Haken und eine bessere Bissverwertung.
Kühlmöglichkeiten: Kühltasche oder Leinenbeutel für Frische bis zum Heimweg
Mülltüten oder Sammelbeutel: Für eigenen und fremden Müll
Schnurreste-Box: Zum sicheren Sammeln abgeschnittener Schnurreste
Das richtige Zubehör ist ein Kernbestandteil waidgerechten Angelns. Es erleichtert den schonenden Umgang mit dem Fisch, das Einhalten von Regeln und das bewusste Handeln am Wasser. Wer seine Ausrüstung intelligent auswählt und pflegt, zeigt Respekt gegenüber dem Fisch, der Natur und dem eigenen Handeln.

1

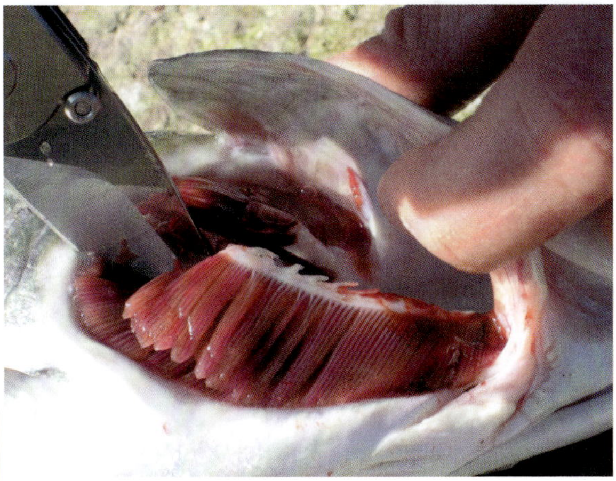

2

1. Mit einem Fisch-Betäuber (Priest) wird der Fang zuerst betäubt.

2. Ein Messer ist für den Kiemenrundschnitt (oder den Herzstich) unerlässlich.

NETZ, STÄNDER, TASCHE

Die richtige Ausrüstung erleichtert uns den Fang und hilft uns, den Angelplatz zu organisieren und unser Zubehör und Köder zu verstauen.

KESCHER: SCHONEND LANDEN STATT GROB GREIFEN

Ein guter Kescher ist mehr als nur ein Hilfsmittel, um den Fisch aus dem Wasser zu heben – er ist ein Werkzeug für den Tierschutz. Moderne Kescher sind mit knotenlosen, gummierten Netzen ausgestattet, die die empfindliche Schleimhaut der Fische nicht verletzen. Wer einmal gesehen hat, wie wenig Stress ein großer, moderner Kescher dem Fisch bereitet, greift nie wieder zu alten Modellen mit geklöppeltem Netz. Gummierte Kescher trocknen zudem schneller, riechen weniger und sind leichter zu reinigen, was auch hygienischer ist. Ein großer Kescher verhindert, dass Fische sich unnötig winden müssen.

RUTENSTÄNDER: ORDNUNG SCHAFFT RUHE

Ein stabiler Rutenständer ist ein stiller Helfer, der erst auffällt, wenn man ihn vergessen hat. Wer seine Ruten ordentlich ablegt, vermeidet Stolperfallen, beschädigte Rollen und sogar das Verschwinden von Ruten beim Biss. An Gewässern mit empfindlicher Ufervegetation oder Steinschüttungen dürfen wir diese nicht achtlos beschädigen. Gute Modelle sind langlebig, leicht transportierbar und aus rostfreien Materialien gefertigt. Auch wer hier auf Qualität und Langlebigkeit setzt, spart Ressourcen und vermeidet Müll.

RUCKSACK, WESTE UND TASCHE: WENIGER IST MEHR

Es mag für manch einen Angler verlockend sein, halbe Hausstände ans Wasser zu schleppen. Doch nachhaltig zu angeln bedeutet auch, bewusst zu packen und ein bisschen Minimalismus zu leben. Ein funktionaler Rucksack, eine geräumige Angelweste oder eine gut strukturierte Angeltasche hilft, Ordnung zu halten und unnötigen Ballast zu vermeiden. Achte auf robuste Reißverschlüsse, wetterfeste Stoffe, doppelte Nähte und vor allem Langlebigkeit. Statt jedes Jahr eine neue Tasche zu kaufen, ist es besser, ein hochwertiges Modell über viele Jahre zu nutzen. Haltbarkeit

SETZ AUF GROSSE KESCHER MIT GUMMIERTEM NETZ

Verwende einen übergroßen Kescher, dessen Netz mit einem Gummiüberzug versehen ist oder vollständig aus Gummi besteht. Schleimhaut oder Schuppen werden so nicht verletzt, und das lästige und für Fische (und Angelnde) gefährliche Verhaken frei stehender Angelhaken im Netz ist unwahrscheinlich.

1. Rutenhalter sind wichtiges Zubehör für Ansitz-Angler.

2. Eine lange, stabile Lösezange ist ein Basisteil unserer Ausrüstung.

2

1

und Funktionalität sind wichtiger als Trendfarben oder überflüssige Gimmicks.

DAS ZIEHT MAN AN

Die richtige Bekleidung schützt uns vor Wind und Wetter und sorgt dafür, dass wir am Wasser leise, unauffällig und naturgerecht unterwegs sind.

FUNKTIONAL UND LANGLEBIG

Funktionalität schlägt Mode. Am Wasser zählt nicht, wie auffällig die Jacke aussieht, sondern ob sie warm, trocken und gegebenenfalls noch atmungsaktiv ist. Hier bewährt sich das Zwiebelprinzip: atmungsaktive Unterwäsche, eine wärmende Mittel-

schicht (Fleece oder Wolle) und eine robuste Außenjacke, die vor Wind und Regen schützt.
Materialien: Nachhaltige Stoffe wie recyceltes Polyester und Naturfasern (Wolle, Baumwolle, Bambus, Leinen, Hanf), die nachwachsen und ökologisch nachhaltig produziert werden, sind langlebig und ressourcenschonend.
Farbwahl: Unauffällige Farben wie Oliv, Braun und Grau fügen sich in die Umgebung ein, stören die Tierwelt weniger und lassen uns am Wasser unbemerkt von unserer Beute unter Wasser bleiben.

Stunde für Stunde im kalten Wasser – da hilft nur dickes Neopren!

SICHERER STAND, LANGE HALTBARKEIT

Das richtige Schuhwerk dürfen wir nicht unterschätzen. Ein stabiler, wasserdichter Schuh ist die Basis für sicheres und schonendes Bewegen am Gewässer.
Materialien: Leder aus nachhaltiger Herkunft oder synthetische Alternativen mit langlebigen Fasern
Sohle: Ein griffiges Profil verhindert Ausrutschen und schützt auch die Ufervegetation, weil wir sicherer auftreten und weniger Trittschäden verursachen. Filzsohlen können bei Watschuhen und glattem, moosigem Grund die bessere Wohl sein
Pflege: Regelmäßiges Reinigen, Imprägnieren und Wachsen verlängert die Lebensdauer und verhindert frühzeitigen Verschleiß.

DER UNKOMPLIZIERTE BEGLEITER

Gummistiefel sind ein Klassiker am Wasser und das aus gutem Grund.

Haltbarkeit

Eine gute Funktionsjacke sollte mehrere Jahre halten. Wer seine Kleidung pflegt, regelmäßig imprägniert und kleine Schäden repariert, spart nicht nur Geld, sondern vermeidet unnötigen Abfall. Achte hier unbedingt auf den Service, der bei einigen wenigen Herstellern sehr vorbildlich und uneigennützig ist.

Sie sind schnell angezogen, wasserdicht und ideal für Ansitze, Märsche, feuchte Uferbereiche und Flachwasser. Im Winter wärmen sie uns, wenn sie entsprechend gefüttert sind.
Materialien: PVC-freie Modelle aus Naturkautschuk sind langlebiger und umweltfreundlicher.
Komfort: Ein herausnehmbares Innenfutter sorgt für warme Füße im Winter und lässt sich leicht trocknen.
Tipp: Gummistiefel sollten nicht zu eng sitzen, um Platz für dicke Socken zu lassen. Und: Schaut auch mal im Jagdbedarf nach, denn dort gibt es Gummistiefel, die auch lange Wanderungen komfortabel gestalten.

FLEXIBILITÄT FÜR ALLE GEWÄSSER

Für Watangler oder Fliegenfischer ist eine Wathose unverzichtbar. Sie ermöglicht den Zugang zu Bereichen, die sonst unerreichbar wären, und sorgt dafür, dass wir trocken bleiben.
Materialien: Atmungsaktive Stoffe für den Sommer und Neopren für kalte Monate sind langlebig und angenehm zu tragen.
Pflege: Nach jedem Einsatz mit klarem Wasser abspülen, vollständig trocknen lassen und knickfrei lagern – das verhindert Schimmel, Stocknässe und verlängert die Lebensdauer.
Sohle: Filzsohlen bieten Halt auf steinigen Flussbetten, Profilsohlen eignen sich für weiche, schlammige Ufer.

GESUNDHEIT!

Nein, Angeln ist keine gefährliche Leidenschaft wie Bergsteigen oder Motorradfahren. Aber man sollte trotzdem auf kleinere Unfälle und Notfälle vorbereitet sein. Wer regelmäßig am Wasser unterwegs ist, weiß: Angeln ist nicht nur Erholung, sondern auch ein Aufenthalt in der freien Natur mit all ihren Facetten. Sonne, Regen, Insektenstiche oder kleinere Verletzungen gehören dazu. Wer sich

DREI WERTVOLLE PFLEGETIPPS

1. Kleinere Risse in Wathosen lassen sich mit Reparatursets einfach selbst flicken – bitten frühzeitig reparieren, bevor die Schadstellen zu groß werden.
2. Funktionskleidung regelmäßig waschen, imprägnieren und im Trockner trocknen – so bleibt sie atmungsaktiv und wetterfest.
3. Schuhe und Gummistiefel immer mit der Sohle nach oben trocken, aber nicht zu warm lagern – das verhindert Geruch und Materialbruch.

Ein Schneesturm am Gewässer kann so schön sein! Aber nur, wenn die Klamotten stimmen …

Gesundheit fängt im Kopf an – Angeln bietet die perfekte Grundlage, mentalen Stress zu verarbeiten.

ein wenig darauf vorbereitet, schützt sich selbst und angelt entspannter. Denn wer sich wohlfühlt, kann sich ganz auf das konzentrieren, was zählt – auf das Naturerlebnis.

Mückenschutz: Nichts kann einen sommerlichen Ausflug am Fluss schneller vermiesen als eine Wolke aus Stechmücken. Konventionelle Mückenschutzmittel enthalten oft aggressive Chemikalien, die nicht nur für uns, sondern auch für Gewässerorganismen problematisch sein können.

Natürliche Alternativen: Mittel mit Wirkstoffen wie Zitronen-Eukalyptus- oder Lavendelöl bieten Schutz ohne synthetische Zusätze.

Kleidung als Schutz: Lange, leichte Funktionskleidung mit engeren Bündchen und einem Mückenschleier hält Mücken zuverlässig ab.

Praxistipp: Meide stark parfümierte Deos oder Lotionen – sie ziehen Insekten an. Auch Schweiß zieht die Plagegeister magisch an.

Sonnenschutz: Viele Angler unterschätzen die Wirkung der Sonne, vor allem, wenn sie stundenlang vom Wasser reflektiert wird. Sonnenbrand ist nicht nur unangenehm, sondern erhöht langfristig das Hautkrebsrisiko enorm.

Sonnenschutzmittel: Nutze umweltfreundliche Cremes ohne Mikroplastik oder schädliche UV-Filter, die ins Wasser gelangen können.

Bekleidung: Eine leichte Kopfbedeckung und UV-undurchlässige Shirts schützen zuverlässig.

Praxistipp: Auch an bewölkten Tagen ist die UV-Strahlung ein Risiko, Sonnenschutz ist keine reine Sommerangelegenheit.

Kleine Hilfe, große Wirkung; Ein gut ausgestattetes, kleines Erste-Hilfe-Set gehört in jede Angeltasche. Schon ein kleiner Schnitt durch einen Haken oder eine scharfkantige Muschel kann sich unangenehm entzünden.
Inhalt: Pflaster, sterile Kompressen, Desinfektionsmittel und eine kleine Schere
Wasserdicht verpackt: Ein dichtes Etui schützt Verbandszeug zuverlässig vor Feuchtigkeit.
Praxistipp: Wer allein angelt, sollte immer einen einfachen Druckverband anlegen können. Ein kurzer Blick in einen Erste-Hilfe-Ratgeber lohnt sich.

Ein bissfester Handschuh hat schon so manchen Hechtangler vor üblen Bisswunden geschützt.

Handschuhe: Handschuhe sind nicht nur für kalte Tage nützlich. Dünne, schnittfeste Modelle schützen vor Haken, scharfen Kiemendeckeln, Hechtzähnen oder Dornen im Uferbereich. Manchmal werden große Hechte und Zander beim Bootsangeln auch mit diesen Handschuhen gelandet.

PERSÖNLICH UND BEDACHT

Wer lebenswichtige Medikamente einnehmen muss, sollte diese immer griffbereit dabeihaben, gut geschützt vor Feuchtigkeit und Hitze. Auch eine kleine Dose mit Schmerztabletten oder Mitteln gegen Insektenstiche kann einen Angeltag retten. Abfälle wie leere Tuben oder Pflasterreste gehören selbstverständlich wieder mit nach Hause.

NIMM IMMER EINEN KESCHER MIT

Gaff-Haken und Fisch-Greifer sehen nicht nur mittelalterlich aus, sie sind auch wahre Folterinstrumente für Fische. Bitte lass sie im Laden, wenn du sie beim Einkauf siehst. Nur dann verschwinden diese Geräte irgendwann vom Markt. Ein ausreichend großer Kescher und eine fachmännische Handlandung (wo sie erlaubt und ohne Probleme möglich ist) sind Landemethoden, die einen schonenden Umgang mit unserer Beute gewährleisten. Wenn du einen Hecht oder einen Wels mit der Hand landen möchtest, nimm bitte immer einen Landehandschuh, um deine Hände vor den Zähnen zu schützen.

Angeln und draußen sein – immer ein ganz großer Wurf!

Wie Angeln?

Nachhaltiges Angeln beginnt mit der Wahl des richtigen Geräts, setzt sich im Umgang mit Fisch und Material fort und endet erst, wenn wir den Angelplatz verlassen haben. Hier sind die zehn größten Fehler, die uns am Wasser begegnen, und wie wir sie mit einfachen Maßnahmen verhindern können.

DIE ZEHN GRÖSSTEN FEHLER

1. Ungeeignetes oder billiges Gerät verwenden

Billigruten und minderwertige Rollen mögen auf den ersten Blick eine sinnvolle Anschaffung sein, doch sie gehen leider oft schnell kaputt und landen dann im Müll. Auch fehlerhafte Bremssysteme verlängern Drills unnötig und belasten die Fische. Besser: Investiere Zeit und Geld in eine gute Beratung und langlebiges, reparierbares Gerät und pfleg es auch regelmäßig. Qualität bedeutet weniger Verschleiß, weniger Müll und schonendere Fischerei.

2. Alte oder beschädigte Schnüre nutzen

Poröse Monofile oder ausgefranste Geflechtschnüre können nicht nur im Drill leichter reißen. Sie hinterlassen auch gefährlichen Müll im Gewässer. Zurückbleibende Schnurreste gefährden Vögel und Fische gleichermaßen. Besser: Schnüre regelmäßig kontrollieren, gegebenenfalls umspulen und verantwortungsvoll entsorgen. Schnurreste gehören in den Hausmüll, niemals in die Natur.

3. Unsachgemäßer Umgang mit Haken

Zu große Haken oder stumpfe Spitzen verursachen unnötige Verletzungen. Auch das Entfernen ohne geeignetes Werkzeug schadet dem Fisch. Besser: Verwende scharfe, passende Haken und löse sie mit einer Zange oder einem Hakenlöser. Wenn möglich, sind schonende Einzelhaken oder angedrückte Widerhaken eine gute Wahl.

4. Fische zu lange drillen oder falsch landen

Ein zu schwaches Gerät oder zögerlicher Drill schwächt den Fisch unnötig. Ebenso schaden Landungen ohne Kescher oder das Hochheben am Haken. Besser: Pass das Gerät an die Fischgröße an, nutze gummierte Kescher und halt den Drill so kurz wie möglich, um den Fisch zu schonen.

5. Trockenes Ablegen von Fischen

Fische, die auf trockener Erde oder Kies und sogar auf Gras abgelegt werden, verlieren ihre schützende Schleimschicht und sind anfälliger für Infektionen. Besser: Nutz immer eine nasse Abhakmatte oder halt den Fisch über oder im Wasser, wenn er schnell zurückgesetzt wird. Nasse Hände sind Pflicht.

Sorgfältig ausgenommener und gesäuberter Fisch, kommt an kühlen Tagen auch leicht mal ohne Kühlbox aus.

6. Übermäßiger Materialeinsatz und unnötige Käufe

Viele Angler kaufen ständig neue Ruten, Rollen und Zubehör, während die alten Teile im Keller verstauben oder im Müll landen. Besser: Weniger ist mehr. Setze auf wenige, vielseitige Ruten und langlebiges Material. Reparieren statt Wegwerfen ist nicht nur nachhaltig, sondern spart Geld.

7. Falsche oder übermäßige Futtergaben

Überfütterung kann Gewässer kippen lassen, und billige Futtermischungen enthalten oft unnötige Bindemittel oder künstliche Zusätze, die die Natur belasten. Besser: Nutze natürliche Zutaten, füttere sparsam und gezielt. Qualität vor Quantität schützt das Gewässer und erhöht den Angelerfolg.

8. Fehlender Respekt vor der Ufervegetation

Abgeschnittene Äste, niedergetretene Pflanzen oder aufgeschüttete Angelplätze zerstören Lebensräume von Insekten, Vögeln und Kleinfischen. Besser: Nutze vorhandene Wege und Plätze. Wenn ein Angelplatz überwuchert ist, wechsle lieber den Standort, statt die Natur zu beschädigen.

9. Falsche Lagerung und Entsorgung von Ködern

Abgelaufene Boilies, Reste von Mais oder Maden landen oft im Wasser oder werden am Ufer entsorgt – eine Einladung für Ratten und ein Risiko für das Gewässer. Besser: Köderreste mitnehmen und zuhause über den Restmüll entsorgen. Plane die Menge so, dass möglichst wenig übrigbleibt.

10. Unwissenheit über Regeln und Bestimmungen

Fehlendes Wissen über Schonzeiten, Fangbegrenzungen oder Schutzgebiete schadet nicht nur dem Fischbestand, sondern dem Ruf aller Angler. Besser: Informier dich vor jedem Ansitz über die geltenden Vorschriften. Respektiere Sperrzonen und Schonbereiche – sie dienen dem Schutz der Natur.

Der Brotfisch aller Stippangler ist die Brasse. Sie kommt in den meisten Gewässern als Haupt-Biomasse unter allen Fischen vor und ist ein großartiger Speisefisch.

STIPPSTIPP, HURRA!

Wer zum ersten Mal eine Angel in die Hand nimmt, sollte stippen! Schnelle Erfolge, Verständnis für Gewässer und Fische und eine Grundausbildung in Köderführung sind dabei inklusive. **Das Ur-Angeln** Ursprünglich, unkompliziert und voller Lernpotenzial. Stippen ist der beste Weg, um sich die ersten Lorbeeren als Angler zu verdienen. Und doch lockt es auch die Experten und Fortgeschrittenen der

Zunft und fordert sie heraus. Das sieht man schon daran, dass eine Stipprute 2 bis 16(!) Meter lang sein kann. Aber was ist eigentlich so eine „Stippe“? Eine lange, leichte und teleskopierbare Rute ohne Rolle – das ist eine Stipprute. Profigeräte können mehrere tausend Euro kosten und sind teilweise auch steckbar, Einsteigermodelle bekommen wir schon für einen Zehner. Dazu noch eine Pose, etwas Gewicht als Schrot (bitte auch hier Blei-Alternativen verwenden) und ein kleiner Haken – fertig. Diese Reduktion aufs Wesentliche macht das Stippen so besonders. Es gibt keine andere Technik, die so direkt vermittelt, wie Fische ticken. Jeder Biss, jede Bewegung im Wasser wird sofort sichtbar über die Pose abgebildet. Anfänger lernen zielsicher, Strömungen zu lesen, mit Wind umzugehen, die Drift des Köders zu verzögern oder zu beschleunigen, Futterfische zu beobachten und selbst kleinste Signale zu deuten. Kurz, sie lernen Angeln! Grundlagen, die später für alle Angelarten entscheidend sind. Kein kompliziertes Gerät, keine weiten Würfe, nur eine Pose unterstützt den Dialog zwischen uns und dem Fisch am Köder.

SO GELINGT DER EINSTIEG

Für stehende Gewässer reicht eine Tele-Stipprute von 4 bis 6 Metern völlig aus. Sie ist leicht, handlich und ideal für kurze Distanzen. In Flüssen oder Kanälen mit Strömung sind längere Ruten (7 bis 8 Meter) von Vorteil, um die Montage sauber zu führen. Eine einfache Monofilschnur von 0,14 bis 0,18 Millimeter ist universell einsetzbar, fein genug für vorsichtige Fische und robust für kleine Überraschungen wie dicke Brassen.

Für stehendes Wasser eignen sich tropfenförmige oder schlanke Posen mit 1 bis 2 Gramm Tragkraft, die sensibel auf feine Bisse reagieren. In der Strömung sind längere und stark bauchige Posen besser, denn sie lassen sich besser verzögern und können auch natürlicher abtreiben. Die Pose sollte (unabhängig vom Gewässer) so klein wie möglich, aber so groß wie nötig gewählt werden.

Schrot und Ausloten:

Das Gewicht wird gestaffelt verteilt, ein größeres Schrot unter der Pose, kleinere Richtung Haken. So sinkt der Köder natürlich ab und bleibt ruhig am Grund. Wichtig: Vor dem Angeln den Platz ausloten! Der Köder sollte knapp über Grund für Rotaugen und Güstern oder direkt am Grund für Brassen angeboten werden.

Haken und Köder:

Kleine Haken der Größe 10 – 18 sind perfekt für Maden, Pinkies oder kleine Würmchen.

Als Köder sind außerdem Brotflocken, Maiskörner, Weizen oder Hanf je nach Zielfisch und Saison erfolgreich. Bei vorsichtigen Fischen lieber kleinere Haken und Köder wählen.

NACHHALTIG STIPPEN

Wer stippt, fischt minimalistisch und reduziert den Materialaufwand. Wichtig ist, den Haken schonend zu lösen (idealerweise mit einem kleinen Hakenlöser) und den Fisch mit nassen Händen oder im Kescher schnell zu versorgen, bevor er zurückgesetzt oder waidgerecht entnommen wird. Kleine Futtermengen genügen. Ein lockeres Futter aus Paniermehl, gekochtem Mais und ein paar Maden reicht aus, um Fische am Platz zu halten, ohne das Gewässer dabei zu belasten. Ein paar walnussgroße Ballen zu Beginn, später einzelne gezielte Nachwürfe, mehr braucht es nicht. Angelplätze wählt man so, dass keine Uferpflanzen zerstört werden. Müll nimmt man mit, auch wenn er nicht von einem selbst stammt. Diese Selbstverständlichkeiten werden mit der Zeit nach und nach zu unserem stillen Ritual.

FÜHREN STATT WERFEN

Stippen bedeutet, den Köder kontrolliert und punktgenau unter der Pose zu präsentieren. In stehenden Gewässern lässt man ihn ruhig stehen und beobachtet die Pose. Schon ein leichtes Zittern verrät einen Biss. In der Strömung führt man die Montage: Die Pose wird leicht verzögert an gespannter Schnur gehalten, sodass der Köder etwas langsamer treibt als das Wasser. Genau so, wie Fische natürliche Nahrung aufnehmen. Die Kunst liegt darin, die Pose immer im Blick zu behalten, kleine Änderungen vorzunehmen und auf feine Signale zu reagieren. Das Stippen ist eine Angeltechnik mit Tiefe. Wer es beherrscht, entwickelt einen scharfen Blick für Gewässer, Strömungen und das Verhalten der Fische. Mit feinem Gerät, einem respektvollen Umgang mit der Natur und etwas Geduld legt man den Grundstein für eine nachhaltige und bewusste Anglerkarriere. Es beginnt mit einer Pose auf dem Wasser und führt zu einem ganz neuen Verständnis für das Leben darunter.

Mit der unberingten Stipprute gelingt der perfekte Einstieg ins Angel-Leben.

RÄUBER MÖGEN FISCH

Das Angeln mit dem toten Köderfisch ist eine der traditionsreichsten und zugleich erfolgreichsten Methoden, um Hecht, Zander oder große Barsche zu überlisten. Es verbindet die Einfachheit des klassischen Raubfischangelns mit einer enormen Bandbreite an Möglichkeiten. Vom Grundangeln über die Posenmontage bis hin zum modernen Köderfischsystem.

Wer diese Technik beherrscht, erlebt nicht nur spannende Drills, sondern lernt Raubfische und ihre Lebensräume kennen. Ein toter Köderfisch ist für Raubfische ein natürlicher Reiz: Er signalisiert leichte Beute, kostet den Räuber kaum Energie und lässt sich in verschiedenen Formen anbieten. Gleichzeitig ist diese Methode selektiv, Fehlbisse und Beifänge sind selten und der Köder richtet sich gezielt an Räuber. Ein kleines Risko liegt jedoch im Verangeln kleiner Raubfische, das wir aber mit größeren Haken und Ködern sowie einem frühen Anhieb reduzieren können.

ANGELN MIT DEM TOTEN KÖDERFISCH AM GRUND

Diese Methode ist vor allem im Winter und in tiefen Gewässern unschlagbar, wenn Räuber träge sind und dicht am Grund stehen. Ein laufendes Grundgewicht (20 bis 50 g, je nach Wurfweite, Strömung, Wassertiefe und Bodenbeschaffenheit) auf der 0,35er monofilen Hauptschnur, gestoppt durch eine Gummiperle und einen Karabinerwirbel. Daran ein monofiles Vorfach für Zander oder Stahl für Hecht, das in seiner Tragkraft etwas schwächer ist als unsere Hauptschnur. Ans Ende kommt ein Einzelhaken der Größe 1/0 bis 3/0. Köderfische (10 bis 15 cm für Zander, 15 bis 25 cm für Hecht) werden frisch und sauber durch Maul oder Rücken gehakt. Besonders effektiv ist es, den Köder leicht anzuritzen und mit der Ködernadel vom Maul zum Schwanz hin aufzuziehen, damit natürliche Duftstoffe austreten können. Die Montage wird nun in tieferen Bereichen oder an Kanten abgelegt. Schnur bitte immer leicht spannen, aber den Bissanzeiger sensibel einstellen. Zander beißen zum Beispiel oft zögerlich. Freilaufrollen sind für diese Methode ideal, man kann aber auch den Bügel einer herkömmlichen Stationärrolle öffnen und die Schnur mit einem Ästchen oder Aalglöckchen beschweren. Wer nicht darauf verzichten möchte, kann natürlich auch einen batteriebetriebenen akustischen und optischen Bissanzeiger einsetzen – aber nachhaltig ist das nicht.

MIT DER POSE AUF RAUBFISCHE

Kaum etwas ist spannender als eine Pose, die plötzlich abtaucht, mutmaßlich von einem dicken Hecht, Waller oder Zander gezogen. Diese Methode eignet sich für flachere Bereiche, Seerosenfelder oder abfallende Kanten, sowohl vom Ufer als auch vom Boot aus. Eine kräftige Raubfischpose (10 bis 20 Gramm Tragkraft) mit Lauf- oder Feststellmontage. Darunter ein Stahl- oder Titanvorfach für Hecht oder Fluorocarbon für Zander und Barsch. Der Köderfisch wird so präsentiert, dass er knapp über Grund oder im Mittelwasser schwebt. Dafür bietet sich die Rückenköderung eher an als die Lippenköderung oder das Aufziehen. Langsam treibende Köder in leichter Strömung wirken besonders lebendig. Ein kleines bleifreies Schrot, nahe am Köder, streckt die Montage im Wasser. Im Winter punktet die Posenmontage nahe am Grund, im Sommer sind freier schwebende Köder über Kraut oder an Scharkanten erfolgreicher.

1. Das sogenannte „Zwickerl“ ist ein sehr gutes Köderfisch-System für Forellen.

2. Natürliche Beute Hering, darauf stehen Meerforellen. Klar, dass auch beim Spinnfischen nur ein guter „Schwindel“ Erfolg bringt.

ANGELN MIT KÖDERFISCHSYSTEMEN

Köderfischsysteme (z. B. Drachkovitch oder Zwickerl) haben oft eine lange Tradition und bringen Bewegung ins Spiel. Der tote Köderfisch wird so geführt, dass er wie verwundet durchs Wasser taumelt. Das stellt einen unwiderstehlichen Reiz für Räuber dar. Ein System mit etwas Gewicht am Kopf und zwei kleinen Drillingen fixiert den Köder. Der Fisch wird leicht schräg aufgefädelt, damit er beim Einholen taumelt. Kurze Zupfer mit der Rutenspitze lassen den Köder aufblitzen, lange Absinkphasen sind für Zander ein unwiderstehliches Signal zum Biss. Ein frisch getöteter Köderfisch ist besser als aufgetaute Fische, die nicht so gut am Haken halten und im Wasser auch schneller auslaugen.

RAUBFISCHE REINLEGEN

Es ist die Angelmethode Nummer Eins – das Spinnfischen. Dahinter verbirgt sich die vortreffliche Imitation von natürlicher Beute, in Form und Bewegung. Vor allem aber steckt in dieser Technik ganz viel Potenzial für Sternstunden und für bewusste Pausen am Wasser.

DIE IMITATION DER NATUR – DER SCHLÜSSEL ZUM ERFOLG

Jeder Wurf ist eine Annäherung an das, was im Wasser wirklich geschieht. Kleine Fische fliehen, Insekten fallen ins Wasser, verletzte Beute sinkt taumelnd zum Grund. Wer diese Zusammenhänge versteht, fängt nicht nur Fische, sondern liest sein Gewässer wie ein offenes Buch. Gleichzeitig hat auch das Kunstköderangeln hohes Potenzial, wirklich nachhaltig zu sein. Denn es schont natürliche Bestände von Kleinfischen und moderne Materialien und Köderkonzepte machen im Ansatz viel Hoffnung, für alle, denen nachhaltige Entwicklung wichtig ist. Zur Wahrheit gehört aber auch, dass zur Drucklegung dieses Buches Ende 2025 immer noch mehr als 90 Prozent der eingesetzten Kunstköder aus Plastik und Weichplastik bedenkliche Weichmacher enthalten und Mikroplastik produzieren. Da geht also noch was …

Ein guter Kunstköder ist die perfekte Täuschung. Ein schlanker Gummifisch, der am Grund taumelt, wirkt wie ein kranker Beutefisch. Ein Spinner, der Druckwellen erzeugt, imitiert einen flüchtenden Barsch oder ein Rotauge. Ein Wobbler im oberen Wasserdrittel lockt vielmals Zander, die ihn für eine Laube halten. Ein kleiner Proteinköder, der langsam im Wasser arbeitet, erinnert an einen Futterfisch oder sogar an Krebse oder größere Insektenlarven.

KÖDER UND FÜHRUNG

Für Zander und Hecht führen wir unsere Gummiköder und Jigs in Sprüngen über den Grund. Durch den Einsatz von Wolfram- oder Zink-Jigs spüren wir die Bodenstruktur besser und vermeiden den Einsatz von giftigem Blei. Beim Absinken spielt der Gummifisch seine größte Stärke aus, denn genau hier kommen die meisten Bisse. Wobbler sind ideal für Barsch und Hecht. Sie lassen sich variantenreich twitchen, mit Pausen führen oder einfach gleichmäßig einkurbeln. Spinner und Blinker sind aufgrund ihrer guten Rückmeldung in den

SUCH NACH GRAUZONEN UND VERMEIDE BEIFÄNGE

Verzichte auf das Angeln mit Kunstködern und Köderfischen in typischen Hecht- und Zanderrevieren während der Laichzeit dieser Raubfische, wenn zum Beispiel das Barschangeln in dieser Zeit noch erlaubt ist. Die Möglichkeit eines unbeabsichtigten Beifanges dieser Laichfische ist dort überdurchschnittlich groß.

Große Barsche lieben eine abwechslungsreiche Köderführung.

Riesiger Zander auf die Faulenzermethode gefangen. Autor Jörg Strehlow erfand diese, bis heute revolutionäre Technik, bereits zur Jahrtausendwende.

Rutengriff die perfekten Köder für Einsteiger ins Spinnfischen – und für aktive, fressbereite Räuber. Spinner erzeugen Druckwellen, Blinker imitieren flüchtende Fische im Mittelwasser oder nahe der Oberfläche – perfekt für flache Buchten oder über Krautfeldern. Proteinköder werden wie klassische Softbaits gefischt, können aber auch als „Standköder" in kaltem Wasser überzeugen, wenn Räuber träge sind. Ihr Geruch und ihre biologische Basis machen sie zu einer spannenden Alternative im Winter oder bei schwierigen Bedingungen. Hier dürfte sich in der Zukunft das größte Potenzial für umweltfreundliche Fortschritte verbergen. Hoffentlich beenden diese Köder und ihre Marktpräsenz schon bald die durchschaubaren kommerziellen Interessen der Hersteller, die immer noch billige Chinaware mit all ihren Nachteilen großzügig und bunt verpacken und teuer verkaufen.

FRIEDLICHE ABSICHTEN

Das gezielte Angeln auf schwere Friedfische wie Karpfen, große Brassen oder Schleien ist eine der anspruchsvollsten und faszinierendsten Disziplinen des Friedfischangelns.

EIN GUTES MATCH

Hier geht es nicht um Massenfänge, sondern um einzelne scheue Fische, die Erfahrung, Geduld und die richtige Technik erfordern. Wer diese Fische fangen will, muss einiges an Ausdauer, Gewässerverständnis und Gespür mitbringen. Gerade beim Ansitz auf große Friedfische bietet sich deshalb eine wunderbare Gelegenheit, Naturverbundenheit und Nachhaltigkeit mit der Jagd nach besonderen Fängen zu verbinden.
Die Matchrute ist das Werkzeug für das feine, kontrollierte Angeln mit der Pose auf Distanz. Sie eignet sich ideal für Schleien, große Rotfedern oder vorsichtige Brassen. Mit leichten Wagglerposen lassen sich Köder punktgenau präsentieren, auch auf mittlere Entfernungen.
Eine gute Kombi kann so aussehen: Matchrute von 3,90 bis 4,20 Meter mit weicher Spitzenaktion, monofile Schnur 0,16 bis 0,20 Millimeter für große Friedfische und Waggler oder Slider mit 2 bis 6 Gramm Tragkraft.

So sieht ein ordentlich organisierter Angelplatz für Friedfisch aus.

Eine beliebte Beute unter Anglern, die mit Futterkorb oder Matchrute losziehen, ist die Brasse.

DER FUTTERKORB – GEZIELT AM GRUND

Der Futterkorb ist eine der effektivsten Methoden für große Brassen oder Güstern. Hier bringen wir den Köder und eine kleine Futtermenge direkt an den Grund, genau dorthin, wo die Fische fressen. So kombinieren wir richtig: Feeder- oder Medium-Feederrute (3,60 bis 4,20 Meter) mit sensibler Spitze, geflochtene Hauptschnur mit monofilem Schlagschnurvorfach, offener oder geschlossener Futterkorb (20 bis 60 Gramm, je nach Strömung). Mit kurzen, gezielten Würfen legen wir kleine Futterportionen ab. Entscheidend ist das maßvolle Anfüttern: Ein lockeres Futter aus Paniermehl, Hanf, Mais und Maden reicht. Weniger ist oft mehr, um Gewässer und Fisch nicht zu belasten.

DIE KARPFENRUTE – KRAFT UND KONTROLLE

Beim gezielten Angeln auf große Karpfen setzen wir auf kräftige Ruten (2,5 bis 3,5 lbs), Freilaufrollen und robuste Montagen. Auch hier sollte Nachhaltigkeit Vorrang haben. Boilies, Partikel und Pellets sind klassi-

sche Karpfenköder, aber ihr Einsatz sollte stets kontrolliert erfolgen. Das Anfüttern ist beim schweren Friedfischangeln essenziell, doch genau hier können wir viel für die Umwelt tun. Natürliche Zutaten wie Paniermehl, gekochter Hanf, Mais und Partikel ohne Konservierungsstoffe verwenden. Kleine Futtermengen regelmäßig nachlegen, statt große Mengen auf einmal einzubringen. Und regionale Zutaten (zum Beispiel vom Bäcker nebenan) verwenden, denn die schonen Ressourcen und imitieren natürliche Nahrungsquellen am besten. Das Angeln mit Matchrute, Futterkorb oder Karpfenrute ist eine Einladung zur Ruhe. Wir sitzen am Wasser, beobachten Vögel, hören das Rascheln im Schilf und sehen, wie die Natur uns langsam aufnimmt und sich uns nähert. Dieser stille Ansatz passt perfekt zu einer gesunden und umweltbewussten Einstellung.

GESALZENE FÄNGE

Das Angeln am Meer ist eine der ursprünglichsten und zugleich intensivsten Formen unseres Hobbys. Ob mit der Brandungsrute am Strand, watend in den flachen Buchten oder vom Boot aus auf offener See: Hier spüren wir die Kraft der Elemente unmittelbar. Der salzige Wind im Gesicht, die unaufhörliche Bewegung der Wellen, die Gezeiten – all das macht das Meeresangeln einzigartig. Doch diese Faszination verpflichtet. Die Küsten und Meere sind empfindliche Lebensräume, und nachhaltiges Angeln bedeutet hier, die Balance zwischen Fischfang und Schutz der Natur zu wahren. Das zeitweise Verschwinden des Dorsches in der Ostsee und der Rückgang der Aalbestände in Küstengewässern sollten uns hier als Mahnung dienen, um genau hinzuschauen.

Das Silber der Ostsee und der Jackpot aller Meeresangler ist die Meerforelle.

BRANDUNGSANGELN – KRAFT UND WEITE VOM STRAND

Brandungsangeln ist eine der ursprünglichsten Methoden, im Meer zu angeln. Schwere Montagen werden weit hinaus in die Brandung geworfen, wo Plattfische ihre Nahrung suchen. Wir verwenden lange Brandungsruten (4,20 bis 4,80 Meter), kräftige Stationärrollen und 0,30er monofile Schnüre mit 0,50er oder 0,60er Schlagschnur für weite Würfe. Montagen mit ein bis zwei Seitenarmen und schweren Gewichten (120–180 g) trotzen dem Druck von Strömung, Wellen und Krautgang. Als Köder dienen Wattwürmer, Seeringelwürmer oder Fischfetzen. Bitte immer nur so viele Würmer graben oder kaufen, wie man auch wirklich braucht, und keine unnötige Vorratshaltung betreiben. Wattwürmer sind nicht nur teuer, sondern auch schon nach ein bis zwei Tagen tot. Und jeder Watti und Ringler wird im Meer gesammelt – auch die aus dem Angelladen. Vermeide das Betreten von Dünen oder Brutgebieten am Strand und halt dich an vorhandene Wege. Diese Küstenzonen sind oft Schutzräume für Vögel und Pflanzen, auch wenn sie nicht ausdrücklich als Schutzgebiete ausgewiesen wurden.

Wunderschöner Hornhecht im Sonnenschein

WATANGELN – LEICHT UND NAH DRAN

Das Watangeln ist eine sehr aktive Art des Meeresangelns, besonders auf Meerforelle, Wolfsbarsch oder Hornhecht. Mit einer mittelschweren Spinnrute und Wathose waten wir in flache Buchten oder auf Riffe und werfen Blinker, Wobbler oder Fliegen am Sbirollino, so weit es geht, aus. Hier braucht es gut zusammengestelltes Gerät. Mit einer guten Kombi aus wurfstarker, drei Meter langer Spinnrute und einer größeren Stationärrolle mit 0,12er Geflecht sind hundert Meter Wurfweite durchaus drin. Wir bewegen uns leise, fast schwerelos durchs Wasser, lesen die Wasseroberfläche, achten auf Strömungen und Schwärme von Sandaalen oder Grundeln. Watangeln bedeutet immer eine besondere Nähe zur Natur. Müll hat hier keinen Platz, Haken sollten ohne Widerhaken gefischt werden, um schonend wieder ins Wasser zu entlassen. Viele Meerforellen müssen aufgrund des Laichkleides oder des Mindestmaßes zurückgesetzt werden. Wer hier gut vorbereitet handelt, schont Fisch und Bestand.

SCHAU DIR DEN FISCH GUT AN

Kein Bauer würde seine trächtige Kuh schlachten. Und kein anständiger Angler tötet einen laichschweren Fisch oder einen Fang, der deutliche Laichsymptome (zum Beispiel praller Bauch kurz vor oder nach der Schonzeit bei weiblichen Fischen, auffällige Färbung bei männlichen Fischen) aufzeigt. Auch magere Fische, die nach einem anstrengenden Laichgeschäft erst noch zu Kräften kommen müssen, gehören nicht in die Küche, sondern zurück ins Wasser. An der Küste wird diese Praxis bei Meerforellen bereits erfolgreich umgesetzt. Wir sollten uns auch bei unseren Raub- und Friedfischen in diesen Fällen für das Wohl des Fisches entscheiden.

SCHLEPPEN VOM BOOT – GEZIELT AUF RAUBFISCHE

Beim Schleppangeln ziehen wir Köder hinter einem Boot durchs Wasser, um Makrelen, Hornhechte, Meerforellen oder sogar Lachse zu überlisten. Wobbler oder Blinker sind hier die erste Wahl, sie sollten idealerweise Heringe oder Sprotten imitieren. Ein Echolot kann dabei helfen, Heringsschwärme oder Makrelen zu finden – das ist der Garant zum Fang größerer Räuber und ist beim Angeln auf einer riesigen Wasserfläche wie der Ostsee durchaus auch legitim. Als Angelgerät ist eine mittlere Bootsrute (10 bis 20 lbs) mit robuster Multirolle zu empfehlen. Zum Angeln vom driftenden Boot in unmittelbarer Küstennähe (maximal 2.000 Meter draußen) ist eine spezielle Spinnrute zum Meerforellenfischen die bessere Wahl.

SPEZIALITÄTEN

Wer über den Tellerrand klassischer Angelmethoden hinausblickt, entdeckt faszinierende Techniken, die ein besonders intensives Naturerlebnis versprechen. Fliegenfischen, Trotting, das Angeln aus dem Bellyboat oder vom Kajak – diese „Exoten" fordern uns heraus, anders zu denken, leichter, beweglicher, naturbewusster zu werden. Diese Methoden sind Ausdruck einer Angelphilosophie, die auf Ruhe, Achtsamkeit und den bewussten Kontakt zur Natur setzt.

FLIEGENFISCHEN – DIE KUNST DER IMITATION

Fliegenfischen ist vielleicht die eleganteste Form des Angelns. Mit filigranen Ruten, schwimmenden Schnüren und handgebundenen Imitationen von Insekten oder Kleinfischen begegnen wir Forellen, Äschen oder Lachsen quasi auf Augenhöhe. Jeder Wurf ist ein Gespräch mit dem Wasser: Wir beobachten den Insektenflug, lesen Strömungen und platzieren unsere Fliege so natürlich wie möglich. Fliegen bestehen aus wenigen, oft natürlichen Materialien, sind langlebig und werden meist ohne giftige Kompo-

Ein ganz großes Abenteuer ist das Angeln vom Bellyboat aus.

nenten gefertigt. Der Einsatz von Schonhaken ist üblich, Beifang ist selten – Nachhaltigkeit in Perfektion.

TROTTING – DIE FEINE KUNST DER TREIBENDEN POSE

Trotting ist in Deutschland noch selten, in England eine Tradition: Wir lassen eine Pose mit einem leichten und natürlichen Köder frei mit der Strömung treiben, meist auf Döbel, Alande, Rapfen oder Forellen. Leichte Ruten, feine Schnüre und winzige Köder wie Maden, kleine Würmer, aber auch Heuschrecken, andere Insekten und Kuchen kommen zum Einsatz. Diese Technik erfordert Einfühlungsvermögen und Präzision. Wir führen die Montage natürlich mit der Strömung und bleiben stets in Kontakt mit dem zierlichen Köder. Nachhaltig ist Trotting vor allem deshalb, weil es auf minimalen Geräteeinsatz setzt, gezielt und selektiv ist und fast keinen Eingriff ins Gewässer erfordert.

BELLYBOAT – LAUTLOS UND MITTENDRIN

Das Angeln aus dem Bellyboat ist eine stille, fast meditative Angelegenheit.

Im kleinen Schwimmreifen treiben wir über das Wasser, gelenkt von unseren Flossen. Wir nähern uns den Fischen lautlos, angeln mit Kunstköder, Fliegen oder sogar Naturködern. Das Erlebnis ist intensiver als bei allen anderen Angelmethoden, denn wir sitzen nur knapp über der Wasseroberfläche, die Beine baumeln mit kurzer Hose im Sommer und Wathose im Winterhalbjahr im Wasser. Wir spüren Wind und Strömung direkt. Dabei belasten wir das Gewässer kaum: keine Motoren, keine Wellen, kein Lärm. Auf großen Seen oder in küstennahen Bereichen der Ostsee kann es allerdings sinnvoll sein, nicht nur auf die eigene Beinkraft und gegebenenfalls ein paar Paddel zu setzen. Bei stark auffrischendem Wind oder bei körperlichen Problemen ist ein kleiner Elektromotor eine echte Sicherheitsreserve. Moderne Bellyboote haben immer ein wenig Platz für eine Batterie hinter dem Sitz und oft auch eine stabile Heck-Halterung für ein leichtes Motoren-Modell.
Das immer eine Rettungsweste getragen werden sollte, wenn man sich (egal in welchem Wasserfahrzeug) auf ein Gewässer begibt, ist eine Selbstverständlichkeit. Moderne Automatikwesten sind bequem und leicht - und sie können ein Menschenleben retten.

KAJAKANGELN – BEWEGUNG UND REICHWEITE OHNE MOTOR

Mit Paddelkraft erreichen wir Spots, die vom Ufer unerreichbar sind, ohne Lärm oder Abgase. Moderne Angelkajaks sind stabil, bieten Platz für Ruten und Köder und bringen uns lautlos mitten ins Revier der Fische. Kein Motor bedeutet keine Abgase, keine Ölrückstände und minimale Störung der Natur. Gleichzeitig ist diese Technik aktiv und gesund, denn wir bewegen uns aus eigener Kraft, nehmen die Umgebung und die Bewegungen der Fische bewusst wahr und fischen selektiv.

Kajakangeln erfordert eine gewisse Körper-Beherrschung.

HALT ABSTAND

Respektiere die Privatsphäre und das Erholungsbedürfnis anderer Gewässernutzender und halt ausreichend Abstand zu deinen Nachbarn. Dies gilt sowohl beim Angeln vom Ufer als auch vom Boot aus.

Ein Schuppenkarpfen hat sich das Maiskorn geschnappt, dass doch eigentlich einen Brassen bringen sollte. Deshalb sollte unsere Schnur immer ein wenig dicker sein, als es auf den ersten Blick notwendig scheint.

Womit Angeln?

Es sind die uralten Begleiter jedes Friedfischanglers: Maden, Würmer und das Maiskorn. Rotaugen, Brassen und Güstern nehmen diese Köder fast ohne Zögern, weil sie perfekt in ihr Beuteschema passen.

FRIEDFISCH-KLASSIKER

Würmer, am besten Dendrobena oder Mistwürmer aus eigener Komposterde, sind wahre Allrounder. Sie bringen selbst vorsichtige Karpfen an den Haken. Maden hingegen wirken oft wie ein Magnet auf Weißfische, vor allem in kälteren Phasen, wenn die Fische wenig Energie verschwenden wollen. Der gute alte Mais darf nicht fehlen. Genau wie Weizenkörner kochen wir den Mais in einem Schnellkochtopf für eine Stunde weich. Perfekt wird das Getreide als Hakenköder, wenn wir eine Thermoskanne zu einem Drittel mit den angekochten Körnern füllen und mit Honig, Anis und heißem Wasser auffüllen. Über Nacht platzen die Körner auf, nehmen das Aroma an und werden zu einem unübertroffenen Hakenköder für Brassen und Rotaugen. Teig ist für mich pure Erinnerung: Schon als kleiner Junge habe ich aus trockenem Weißbrot und ein paar Tropfen Wasser kleine Kugeln geknetet und an den Haken gedrückt. Heute mische ich gerne etwas Vanillezucker, Honig oder auch mal eine Prise Knoblauch dazu. Diese simplen Mischungen fangen nach wie vor zuverlässig und sind vollkommen unbedenklich für das Gewässer. Wer möchte, kann auch gemahlene Haferflocken oder Semmelbrösel und ein Tröpfchen Pflanzenöl unterkneten und so Konsistenz und Haltbarkeit verbessern.

SPARSAM FÜTTERN

Manchmal sieht man Angler, die eimerweise Futter ins Wasser kippen. Das mag zwar kurzfristig Fische anlocken, aber langfristig schadet es dem Gewässer. Überfütterte Kleingewässer kippen schneller um und sauerstoffzehrender Faulschlamm am Grund ist die Folge. Nachhaltiges Angeln bedeutet auch, gezielt und sparsam anzufüttern. Mit einem kleinen Futterkorb oder einer Köderschleuder lassen sich angemessen kleine Futtermengen punktgenau präsentieren. Lieber wenig, dafür regelmäßig – dann bleibt der Platz interessant, ohne das Gewässer zu belasten.
Viele Zutaten finden sich auch in der eigenen Küche oder im Garten. Alte Brötchen für Teig, Haferflocken aus der Speisekammer, Hanfsamen vom Reformhaus. Selbst Würmer lassen sich im Kompost ziehen oder nachts nach einem Regenguss im Schein einer Taschenlampe aufsammeln. Wer so

Im Winter lieben Brassen fleischige Köder wie Maden oder Mistwürmer.

vorgeht, spart nicht nur Geld, sondern vermeidet auch unnötigen Verpackungsmüll und weite Transportwege. Nachhaltiges Friedfischangeln hört nicht am Haken auf. Köderreste, leere Dosen oder Madenboxen haben am Ufer nichts verloren. Friedfischangeln ist einfach, wenn wir uns auf das Wesentliche besinnen: Maden, Würmer, Mais, Weizen und Teig. Diese Klassiker fangen seit Generationen zuverlässig und passen perfekt in ein umweltfreundliches Konzept. Kein Chemie-Cocktail, keine verschwenderischen Futterschlachten.

KARPFENS LECKERBISSEN

Boilies sind gute Karpfenköder – wenn sie regional und nachhaltig oder selbst hergestellt wurden. Und sie haben jede Menge Konkurrenz, denn schon vor dem Boilie wurden Karpfen gefangen.

KINDHEITSKARPFEN OHNE SCHNICKSCHNACK

Karpfen mittlerer Größe gehören zu den Fischen meiner Jugendjahre am Rhein. Oft saß ich morgens am Altwasser und hatte eine schwerere Grundangel mit einem Tauwurm oder Mais ausgelegt. Die Wartezeit bis zum ersten Biss verkürzte ich mir mit einer beringten Stipprute, mit der ich herrliche Rotaugen und Brassen fing. Irgendwann begann dann die Schnur an der Grundangel zu laufen, und das Stöckchen, mit dem ich die Schnur beschwert hatte, flog zur Seite. Dann beobachtete ich ein paar Sekunden die wandernde Schnur, schloss den Rollenbügel und setzte einen herzhaften Anhieb. Oft hingen gute Schleien am Haken, manchmal aber auch kampfstarke Altwasserkarpfen, denen meine Kindheitsköder offenbar schmeckten. Wenige Minuten später lag ein makelloser Schuppenkarpfen im Kescher. Ganz ohne Boilies oder teure Aromen. Genau das sind für mich die Momente, die zeigen: Einfaches und bodenständiges Karpfenangeln funktioniert, nicht immer selektiv, oft aber besser, als wir denken.

Karpfen knacken gerne Muscheln!

MAIS, WEIZEN UND HARTMAIS

Mais ist für Karpfen das, was Brot für uns Menschen ist. So eine Art Grundnahrung. Gekochter, gequollener Mais ist unschlagbar einfach und fängig, besonders an viel beangelten Gewässern, wo Fische den Kugelregen von Boilies schon kennen. Wer es noch natürlicher mag, greift zu Hartmais, der über Nacht eingeweicht, kurz aufgekocht und am Haar mit der Selbsthakmontage im Boilie-Stil angeboten wird. Der Duft frisch gekochten Maises zieht Karpfen unwiderstehlich an, kostet nur einen Bruchteil industrieller Köder und ist regional und nachhaltig. Weizen funktioniert ähnlich gut. Ein paar Hände voll über Tage hinweg gefüttert, und selbst scheue Fische verlieren die Angst.

Boilies sind aus der modernen Karpfenangelei nicht wegzudenken. Doch Kugelberge am Ufer sind alles andere als nachhaltig. Statt kiloweise billige Boilies ins Wasser zu werfen, setzen wir lieber auf Qualität und sparsame Fütterung. Kleine Mengen hochwertiger, frischer Boilies, möglichst mit regionalen Zutaten, sind oft effektiver als jede Futterorgie. Wer mag, kann Boilies sogar selbst rollen. Grieß, Sojamehl, Eier und etwas Hanfmehl ergeben eine simple, fischfreundliche Basis – ganz ohne Konservierungsstoffe und künstliche Aromen, die ohnehin mehr den Angler als den Fisch beeindrucken.

Auch die gute alte Kartoffel fängt noch immer zuverlässig.

SPARSAM ANFÜTTERN

Der größte Fehler beim Karpfenangeln ist Überfütterung. Einmal zu viel gestreut, und der Karpfen ist satt, bevor der Hakenköder seine Chance bekommt. Deshalb bitte maßvoll und punktgenau füttern. So bleibt das Gewässer sauber, und wir setzen genau dort einen Reiz, wo unser Hakenköder liegt. Wer Karpfen mit Vernunft beangeln möchte, sollte auch auf den Ursprung seiner Köder achten. Hartmais vom Bauern nebenan, Hanf vom Reformhaus oder selbst gemischte Boilies sparen lange Transportwege und Verpackungsmüll. Außerdem wissen wir genau, was wir ins Wasser geben. Ein sauberer Angelplatz und gesunde Fische sind das Fundament für unser Hobby. Karpfenangeln braucht keine Berge an Boilies oder exotische Lockstoffe. Mais, Weizen und ein paar selbstgemachte Köder reichen völlig aus. Wer bewusst füttert, auf natürliche Zutaten setzt und Rücksicht auf das Gewässer nimmt, fängt nicht nur Karpfen, sondern hinterlässt auch eine gesunde Natur für die nächste Generation. Genau das macht nachhaltiges Karpfenangeln aus – einfach und erfolgreich.

AUS „GUTEM“ PLASTIK

Gummiköder dominieren den Markt für Zander-, Hecht- und Barschköder. Seit Jahrzehnten bestehen diese Superköder jedoch aus Materialien mit giftigen Weichmachern und sie erzeugen Mikroplastik. Wie gut, dass wir inzwischen Alternativen dazu finden.

WARUM „GUTE“ KUNSTKÖDER SO WICHTIG SIND

Tock! Ein kurzer Schlag in die Rute, dann das typische Bocken – ein Zander hat den Spinnköder eingesaugt. Als ich den knapp untermaßigen Fisch nach kurzem Drill zurück ins Wasser setzt, freue ich mich über den Köder, mit dem ich diesen Fang machen konnte. Es war erstmals ein modernes Fischlein-Imitat aus biologisch abbaubarem Protein mit einem natürlichen Lockstoff. Ganz ohne giftige Weichmacher und nicht in der Lage, Mikroplastik zu produzieren. Wir Angler haben heute mehr denn je die Möglichkeit, bewusst zu entscheiden, womit wir fischen. Deshalb habe ich mich auch für eine bleifreie Jig-Alternative mit rückstandslos rostendem Haken aus Stahl und nicht aus Edelstahl entschieden.

Seit Jahrzehnten bestehen Softbaits aus PVC, angereichert mit zahlreichen schädlichen Weichmachern. Diese Stoffe gelangen ins Wasser, wenn Köder verloren gehen und sich anschließend zersetzen. Mit Folgen für Fische, Kleinstlebewesen und letztlich das gesamte Ökosystem. Die Alternative sind Kunstköder aus umweltverträglichen Materialien. Einige Hersteller bieten inzwischen Gummifische ohne giftige Weichmacher oder sogar auf Proteinbasis an. Letztere zersetzen sich im Wasser, ohne Schadstoffe und Mikroplastik freizusetzen. Auch bei Hardbaits gibt es Fortschritte: Hochwertige Wobbler werden inzwischen aus Kunststoffen gefertigt, die langlebig und recyclingfähig sind. Kombiniert mit bleifreien Gewichten sind das wertvolle erste Schritte in Richtung eines umweltfreundlichen Spinnfischens.

Vater und Sohn freuen sich über einen Prachtzander! Der Autor war der erste Händler überhaupt, der ausschließlich umweltfreundliche Kunstköder in seinem Sortiment hatte.

SOFTBAITS AUS PROTEINEN – INNOVATION AUS DER NATUR

Besonders spannend finde ich Köder, die aus Eiweißverbindungen hergestellt werden. Diese Softbaits basieren auf natürlichen Proteinen, die biologisch abbaubar sind und sogar von Fischen gefressen werden können, ohne Schaden zu nehmen. Sie fühlen sich im Wasser erstaunlich echt an und haben oft einen natürlichen Geruch durch die Zugabe von beispielsweise Knoblauchöl, der Raubfische zusätzlich reizen soll. Zwar sind sie noch nicht so langlebig wie herkömmliche Gummis, aber der wertvolle Umweltaspekt macht diesen kleinen Nachteil mehr als wett. Ich habe für mich eine klare Regel: Lieber ein paar hochwertige, umweltfreundliche und hierzulande produzierte Köder im Angelkasten als Dutzende (oft sehr teure) Gummis aus Fernost, die nach kurzer Zeit im Wasser oder im Müll landen. Wer Softbaits bewusst auswählt, reduziert effektiv den Schadstoffeintrag ins Gewässer. Also prüft bitte sorgfältig, welcher Köder der richtige ist – die extrem gehypten Modeköder gehören leider meist nicht dazu.
Bei Hardbaits gilt Ähnliches: Hochwertige Wobbler halten oft Jahre. Kratzer und Bissspuren gehören dazu, aber ein gut gepflegter Köder kann viele Dutzend Fische fangen. Damit vermeide ich ständige Neukäufe und schone Ressourcen.

BLEIFREIE MONTAGEN UND HAKEN OHNE WIDERHAKEN

Was nützt der beste umweltfreundliche Köder, wenn wir ihn mit giftigem Blei kombinieren? Moderne Alternativen wie Tungsten, Stahl, Zink-

Der Zander hatte Lust auf einen Gummiköder ohne giftige Weichmacher.

legierungen oder Steinmontagen sind längst etabliert und lassen sich problemlos mit Soft- und Hardbaits einsetzen. Außerdem verwende ich bei vielen Kunstködern Einzelhaken aus rostendem Stahl ohne Widerhaken. Sie sind nicht nur fischschonend, sondern erleichtern auch das Lösen von Hängern und verschwinden nach ein paar Wochen rückstandslos im Gewässer.
Selbst biologisch abbaubare Köder sollten nicht verschwenderisch genutzt werden. Ich kontrolliere meine Softbaits nach jedem Fisch, schmelze eingerissene Gummis mit einem

Wir Angler entscheiden selbst, wie lange es noch mit Gift in Gummiködern weitergeht. Wer umweltfreundlich und bleifrei kauft (wie auf diesem Bild), der entzieht anderen die Geschäftsgrundlage.

NIMM UMWELTFREUNDLICHE KÖDER

Umweltfreundliche Kunstköder aus Holz, rostendem Metall oder Kunststoffen ohne schädliche Weichmacher sind dein aktiver Beitrag zur Schadstoffverringerung in unseren Gewässern. Verzichte bitte auch auf Blei und setz stattdessen auf die zahlreichen bleifreien Alternativen, die der Fachhandel inzwischen anbietet.

Wobbler aus Holz und Metall in einer Zigarrendose vom Flohmarkt – so einfach ist nachhaltig!

Feuerzeug vorsichtig zusammen und nutze beschädigte Köder an flachen Spots, wo Hänger selten und keine großen Wurfweiten erforderlich sind. So verlängere ich ihre Lebensdauer und vermeide unnötigen Abfall. Egal, wie umweltfreundlich ein Köder ist, verloren im Wasser bleibt er trotzdem Fremdmaterial. Deshalb versuche ich auch bei jedem Hänger, meine Montagen sorgfältig zu lösen. Insbesondere, wenn ich ein Vorfach aus besonders umweltschädlichem Fluorocarbon zum Zanderfischen einsetze. Soft- und Hardbaits aus umweltfreundlichen Materialien sind die Zukunft unseres Hobbys. Biologisch abbaubare Softbaits ohne giftige Weichmacher, proteingestützte Köder und langlebige Hardbaits aus recyclingfähigem Kunststoff ermöglichen es uns, Raubfischangeln mit einem besseren Gewissen zu betreiben. Kombiniert mit bleifreien Montagen und bewusster Köderpflege wird daraus ein Angelstil, der fängt und gleichzeitig schützt.

HOLZ, HAARE UND FEDERN

Keine Frage, Kunstköder aus nachwachsenden natürlichen Materialien sind aus ökologischer Sicht die beste Wahl. Doch auch ihre Fängigkeit stellen diese traditionellen Köder immer wieder unter Beweis.

HOLZ – LEBENDIG UND LANGLEBIG

Bevor die Industrie unsere Köderboxen mit Plastik überschwemmte, war das Angeln mit natürlichen Materialien selbstverständlich. Wobbler wurden aus Balsaholz geschnitzt, Streamer aus Haar gebunden und kleine Spinnfliegen oder Jigs mit Federn garniert. Diese Köder waren

Viele Fliegenfischer binden ihre Köder ebenfalls aus umweltfreundlichen Materialien.

langlebig, oft Einzelstücke und sie hatten Charakter. Heute erleben sie eine Renaissance. Immer mehr Angler greifen zurück auf handgefertigte Holz- und Naturköder, die nicht nur Fische fangen, sondern auch eine Geschichte erzählen. Holzwobbler sind mehr als pure Nostalgie. Balsaholz, Kiefer oder Zeder verleihen ihnen eine natürliche Auftriebskraft und ein einzigartiges Laufverhalten. Anders als Plastikmodelle sind sie leicht, reagieren feinfühlig auf Strömung und lassen sich hervorragend individuell gestalten. Viele kleine Manufakturen fertigen solche Köder mit Liebe zum Detail, oft aus regional geschlagenem Holz und ohne giftige Lacke. Wer mag, kann selbst Hand anlegen. Ein einfacher Rohling, geschwärzt mit dem Gasbrenner, ein paar Drillinge, Schraubösen und wasserbasierter Lack genügen für den Einstieg.

HAAR UND FEDERN – LEBENDIGKEIT AM HAKEN

Streamer aus Haar und Federn sind Klassiker beim Hecht- und Barschangeln. Naturmaterialien wie Rehhaar, Fuchsschweif oder Hahnenfedern erzeugen im Wasser einen lebendigen Puls, den kein Kunststoff nachahmen kann. Selbst nach Jahrzehnten funktionieren sie tadellos, wenn man sie nur ein wenig trocknet und fettet. Nicht umsonst schwören Fliegenfischer seit Generationen auf diese Materialien. Richtig gebunden, sind sie extrem haltbar und können immer wieder überarbeitet werden. Viele dieser Materialien fallen zudem als Nebenprodukte an, zum Beispiel Fellreste von der Jagd oder Federn aus der Geflügelhaltung. Anstatt weggeworfen zu werden, bekommen sie am Wasser ein zweites Leben.

Bleifreie Blinker, Spinner und Pilker aus Metall können nach einem Abriss im Wasser rückstandslos verrotten.

NACHHALTIGKEIT IN REINFORM

Kunstköder aus Holz, Haar und Federn sind nicht nur umweltfreundlich, weil sie auf Plastik verzichten. Sie sind langlebig, reparierbar und meist regional produziert. Verliert man einmal einen Streamer oder Holzwobbler, bleibt kein schädlicher Kunststoff zurück. Zudem verzichten viele Hersteller bewusst auf Blei und setzen auf Alternativen wie Zinn oder Tungsten für Beschwerungen. Moderne Innovationen schließen traditionelle Materialien nicht aus. Viele Fliegenfischer kombinieren Naturhaar mit biologisch abbaubaren Fasern für mehr Haltbarkeit. Auch Holzwobbler lassen sich mit rostfreien Haken und wasserbasierten Lacken zu Ködern

WÄHL DEINEN HAKEN MIT VERANTWORTUNG AUS

Verwende möglichst schonende Montagen und Angelhaken. Verzichte auf zusätzliche Drillingshaken zum Einzelhaken an Gummiködern und einen dritten Drilling an Wobblern. Setz außerdem beim Angeln mit Kunstködern eher kleinere Haken ein, um den Fisch nicht versehentlich von außen am Körper zuhaken.

veredeln, die sowohl fischereilich als auch ökologisch überzeugen.
Angeln mit Ködern aus nachwachsenden Rohstoffen ist gutes, altes Handwerk und Leidenschaft. Wer einmal einen Fisch auf einen selbstgebauten Köder gefangen hat, weiß, wie erfüllend das sein kann.

KÖDER AUS METALL

Spinner, Blinker, Löffel oder Jigköpfe: Metallköder sind die Urväter des Kunstköderangelns. Ihre Robustheit und Langlebigkeit machen sie von Natur aus nachhaltig.

ZEIT, DASS SICH WAS DREHT

Ein gut gepflegter Blinker fängt über Jahrzehnte, ein Spinner lässt sich immer wieder aufpolieren oder mit neuen Federn bestücken. Anders als viele moderne Kunststoffköder hinterlassen sie keine giftigen Rückstände und kein Mikroplastik im Wasser. Spinner gehören zu den fängigsten Ködern überhaupt für Barsch, Forelle und Hecht. Ihr rotierendes Blatt erzeugt Druckwellen und Lichtreflexe, die selbst träge Räuber aktivieren. Besonders Modelle mit Gewichten, die heute auch aus bleifreien Metallen wie Zinn oder Tungsten gefertigt werden, sind nachhaltig und effektiv zugleich. Blinker oder Löffel sind wahre Allrounder, ob langsam geführt im Winter oder schnell eingekurbelt im Sommer. Ihre einfache Konstruktion aus gebogenem Metall macht sie nahezu unverwüstlich. Selbst stark verkratzt fangen sie zuverlässig, denn ihre Aktion hängt nicht von Lack oder Dekor ab, sondern von der Form. Für Zanderangler sind Jigköpfe unverzichtbar. Auch hier gibt es längst bleifreie Varianten aus Wolfram oder Stahl und preiswerteren Zinklegierungen, die genauso effektiv sind.

KÖDERPFLEGE UND REPARATUR

Metallköder sind nahezu unverwüstlich und lassen sich mit wenig Aufwand immer wieder in Schuss bringen: stark angelaufene Blinker oder Spinnerblätter mit etwas Stahlwolle oder Polierpaste wieder glänzend machen. Auch mattierte Oberflächen

Der Spinner ist der Klassiker und Namensgeber aller Spinnköder – und er ist umweltfreundlich!

WERKZEUGE UND MATERIALIEN FÜR EINSTEIGER

1. Zange und Seitenschneider zum Drahtbiegen, für Sprengringe und kleine Metallarbeiten
2. Schleifpapier, verschiedene Körnungen zum Formen und Glätten von Holz
3. Taschenmesser oder Cutter für Holzarbeiten und feine Schnitte
4. Mini-Bohrmaschine oder Handbohrer zum Bohren von Löchern bei Wobblern oder Blinkern
5. Bindestock für das Binden von Streamern oder Fransen an Spinnern
6. Wasserbasierter Lack oder Holzöl zum Versiegeln von Holzködern ohne Lösungsmittel
7. Bindegarn, Naturhaar, Federn für Streamer und Spinnerfransen
8. Sprengringe und Haken, rostfreie Modelle, am besten mit Schonhaken

fangen gut, aber ein sauberer Grundzustand verlängert die Haltbarkeit. Deshalb am besten immer gleich stumpfe oder rostige Drillinge und Sprengringe ersetzen, neuen Haken montieren. Ideal sind Einzelhaken mit widerhakenloser Spitze für schonendes Fischen. Abgenutzte Federn oder Fransen am Spinner können einfach mit Bindegarn oder Schrumpfschlauch ersetzt werden. Auch kleine Perlen und zusätzliche Farbdetails lassen sich leicht ergänzen. Verbogenes Metall vorsichtig mit einer Zange begradigen. Schon wenige Millimeter können den Lauf entscheidend beeinflussen. Abgeplatzte Farbe mit Schleifpapier entfernen und eventuell neu lackieren. Oder einfach blank fischen, was oft sogar noch besser fängt. So wird aus einem alten Köder schnell wieder ein zuverlässiges Werkzeug, das noch viele Jahre Fische bringt, ganz ohne Müll.

NACHHALTIGKEIT DURCH LANGLEBIGKEIT

Metallköder sind unverwüstlich. Selbst wenn der Lack abplatzt oder das Metall anläuft, genügen ein paar Handgriffe, um sie wieder fit zu machen. Alte Spinner lassen sich mit neuen Achsen oder Haken bestücken, und selbst simple Metallplatten lassen sich zu improvisierten Blinkern umfunktionieren. Ein zentrales Thema bei Metallködern ist das Blei. Moderne Alternativen wie Tungsten, Zink oder Stahl bieten vergleichbare Eigenschaften, ohne die Umwelt zu belasten. Der Umstieg lohnt sich: Kein giftiges Schwermetall, kein Risiko für Gewässerorganismen. Metallköder sind ehrlich. Keine Chemie, keine künstlichen Lockstoffe, nur Form, Gewicht und Bewegung. Das reduziert nicht nur den ökologischen Fußabdruck, sondern fordert uns auch dazu heraus, bewusster zu angeln. Statt ständig den Köder zu wechseln, lernen wir, wenigen und gut ausgewählten Modellen zu vertrauen.

MARKE EIGENBAU

Selbstgebaute Kunstköder haben etwas Unvergleichliches. Jeder Kratzer, jeder Pinselstrich erzählt eine Geschichte. Statt industrieller Massenware entstehen Unikate, die nicht nur Fische fangen, sondern auch die Persönlichkeit des Anglers widerspiegeln.

MATERIALIEN MIT GESCHICHTE

Für den Eigenbau braucht es nicht viel: Holzreste aus Werkstatt oder Natur sind ideal für Wobbler und Popper. Metallteile wie alte Löffel, Schrauben oder Unterlegscheiben für Blinker und Spinner. Naturmaterialien wie Haar und Federn für Streamer oder Fransen.
Recycling-Kunststoffe von alten Ködern, die sich einschmelzen und neu gießen lassen. Die Bandbreite ist groß und reicht vom handgeschnitzten Holzwobbler über improvisierte Löffelblinker bis hin zu gebundenen Streamern. Beim Eigenbau beschäftigen wir uns tief mit dem Laufverhalten unseres geplanten Köders. Deshalb verstehen wir besser, warum ein Blinker flankt oder ein Spinnerblatt rotiert, und entwickeln somit ganz nebenbei ein ganz neues Gefühl für unser Gerät.
Den Stiel mit einer Metallsäge abtrenne, je ein Loch vorne und hinten mittig am Löffel bohren, mit Schleifpapier die Schnittkante abrunden.
Vorne einen Sprengring als Einhänger, hinten einen für den Einzelhaken oder Drilling anbringen. Mit Lack oder Folie farbliche Akzente setzen oder einfach schlicht blank lassen, das fängt genauso gut und der Lauf ist fantastisch! Langsam geführt taumelt der Löffel verführerisch, schnell gekurbelt blitzt er wie ein flüchtendes Fischlein. Ein Köder, der seit Jahrzehnten Fische bringt und den man wirklich einfach selbst bauen kann.

Blinker kann man mit etwas Geschick aus einem alten Löffelstiel bauen, für handgebaute Wobbler ist Holz die perfekte Materialquelle.

BLINKER MARKE EIGENBAU

Ein einfacher, fängiger Köder, der in weniger als 20 Minuten gebaut und perfekt für Hecht, Barsch und Rapfen ist. Du brauchst dafür nur ein paar Teile und ein kleines bisschen Zeit:

1. Alter Teelöffel (Edelstahl oder versilbert)
2. Bohrer mit 3-mm-Bohrer
3. Sprengringe
4. Drilling oder Einzelhaken
5. Optional wasserfesten Lack oder Klebefolie für Farbe

Alles, was blinkt und weit fliegt, lockt Makrelen vom Ufer aus.

KÖDER AUF DEM ABSTELLGLEIS

Das moderne Angeln ist geprägt von Hightech-Materialien, künstlichen Aromen und Ködern, die eher an Laborprodukte als an natürliche Nahrung erinnern. Dabei haben Generationen von Anglern mit simplen Mitteln erfolgreich gefangen.

KÖDER MIT GESCHICHTE

Köder wie Brotflocken, Käsewürfel, Kartoffelstücke, Hanfkörner oder alte Kunstköder hatten damals einen festen Platz. Heute, in Zeiten von Plastik und Boilie-Bergen, geraten sie zu Unrecht immer mehr in Vergessenheit. Wer kennt sie nicht, die Geschichten von Karpfen auf gekochte Kartoffeln oder Barben, die auf stinkenden Käse gebissen haben? Diese Naturköder sind einfach, nachhaltig und stammen oft direkt aus Küche und Kühlschrank. Brot und Teig sind Klassiker für Weißfische wie Rotaugen und Brassen. Ein Stück frisches oder leicht angetrocknetes Brot am Haken fängt nach wie vor zuverlässig. Gekochte

NIMM NUR ROSTENDE HAKEN UND KLEINE WIDERHAKEN

Setz auf Angelhaken mit möglichst kleinen Widerhaken, um den Haken leichter lösen zu können. Mit größerer anglerischer Erfahrung kannst du sogar ganz auf Widerhaken verzichten, indem du diese mit der Zange unter der Hakenspitze andrückst. Zusätzlich solltest du rostende Haken aus Stahl und nicht aus Edelstahl oder Vanadiumstahl verwenden. Nur reiner Stahl verrostet und verschwindet rückstandslos im Gewässer.

1

2

Kartoffelwürfel waren lange Zeit DER Köder für Karpfen. Ganz ohne Lockstoffe, nur pure Natur. Besonders für Barben ist Käse ein Top-Köder. Der kräftige Geruch eines Würfels aus Gouda oder Emmentaler lockt die Fische zuverlässig an. Hanf und Weizen, schön in der Thermoskanne ausgequollen, sind seit Jahrzehnten völlig natürliche Friedfischmagnete.

VERGESSENE KUNSTKÖDER

Auch bei Kunstködern lohnt sich ein Blick zurück. Spinner mit Naturhaar, kleine Holzwobbler oder klassische Löffelblinker sind heute kaum noch zu sehen, obwohl sie jahrzehntelang zuverlässig gefangen haben. Alte Metallköder lassen sich leicht aufpolieren und neu bestücken. Gerade an stark befischten Gewässern, wo moderne Softbaits längst Routine für die Fische sind, bringen diese altmodischen Köder oft überraschend gute Ergebnisse.

Vergessene Köder haben einen großen Vorteil: Sie bestehen aus simplen, oft natürlichen Materialien und sind langlebig. Ein Metallblinker hält Jahrzehnte, ein Stück Brot belastet das Gewässer nicht. Diese Köder stehen für ein Angeln ohne Überfluss, ohne Chemie und ohne Abfall. Das Schöne an diesen vergessenen Ködern ist auch, dass sie uns wieder zu alten Angeltechniken führen. Das Stippen mit Brotflocken auf kapitale Friedfische ist ein echter Nervenkitzel. Genauso wie das Karpfenangeln mit Kartoffeln oder einfaches Spinnfischen mit einem Spinner der Marke Eigenbau. Diese Methoden sind entschleunigt, umweltfreundlich und haben etwas Ursprüngliches. Sie verbinden uns mit der Art, wie unsere Väter und Großväter geangelt haben.

1. Effzett-Blinker sind ein Klassiker – und umweltfreundlich noch dazu.

2. Ein Brötchen hat schon so manchen spontanen Angeltrip gerettet.

Angeln war immer ein Weg zum Glück für den Autor –
jetzt teilt sein Sohn die Passion mit ihm.

Angeln verbindet

Kinder erleben das Angeln anders als Erwachsene. Für sie ist jeder Käfer am Ufer spannend, jeder Wasserläufer ein kleines Wunder. Diese Neugier ist der perfekte Ausgangspunkt, um nachhaltiges Angeln von Anfang an zu vermitteln.

ANGELN ALS EINSTIEG IN DIE NATUR

Der kleine, wassergefüllte Eimer und die Madendose stehen zwischen uns, die Stippruten halten wir in der Hand und mein Sohn sitzt neben mir im Gras. Die Beine im Schneidersitz, die Augen auf die kleine Pose gerichtet. „Papa, warum springen die Fische manchmal aus dem Wasser?", fragt er. Ich lächle und erkläre, dass manche Fische das einfach aus purer Lebensfreude tun und andere, weil sie ein Parasit juckt. Diese typische Frage für ein Kind war der Beginn von etwas Größerem. Nämlich dem Staunen über die Natur, die Neugier auf das Wasser und alles, was darin lebt. Genau darum geht es, wenn wir mit unseren Kindern ans Wasser gehen. Nicht um Rekordfänge oder die perfekte Technik, sondern um gute gemeinsame Zeit, um Erlebnisse, die hängen bleiben. Statt mit komplizierten Methoden, beginnen wir einfach mit einer Stipprute, einer Pose, ein paar Maden oder Würmern und an einer stillen Stelle am See oder Bach. Ein Kind braucht keine teure Ausrüstung. Mit einer einfachen, zwanzig Euro billigen Stippausrüstung gibt es schnelle Erfolge, die Fische sind meist klein und gut festzuhalten, dafür aber zahlreich. Und das Warten wird nie zu lang. Die Freude über ein Rotauge oder einen Gründling ist für ein Kind oft vergleichbar mit unseren Emotionen beim Fang eines großen Hechtes oder Zanders.

KLEINE ABENTEUER AM UFER

Es muss draußen am Wasser auch nicht immer nur ums Angeln gehen. Mit Kindern sind die Pausen oft genauso wichtig wie das Fischen selbst. Steine übers Wasser hüpfen lassen, Kaulquappen beobachten oder einen kleinen Staudamm aus Zweigen bauen. All das sind Erlebnisse, die den Tag am Wasser kurzweilig und für den Nachwuchs unvergesslich machen. Diese Kombination aus Angeln, Naturerlebnis und Spielen prägt Kinder stärker, als jeder gefangene Fisch alleine es je könnte. Damit der Angelausflug spielerisch bleibt, helfen kleine Aufgaben, die das Naturerlebnis vertiefen: Wer findet das meiste „Schatzgut" (Müll) und räumt es auf? Bestimm gemeinsam mit dem Kind mindestens drei Tiere am Wasser. Zeig Fußabdrücke im Schlamm, vielleicht von einem Reiher oder sogar einem Waschbär? Wer lässt die meisten flachen Steine über die Oberfläche hüpfen? Blätter, Zweige oder Steine sammeln und kleine Figuren oder

TIPPS FÜR DEN ERSTEN ANGELAUSFLUG MIT KINDERN

Einfache Spots wählen: Ruhige Seen oder Kanäle mit leicht zugänglichem Ufer sind ideal.

Kurze Angelzeiten: Ein bis zwei Stunden reichen für den Anfang völlig aus.

Leichte Ausrüstung: Stippe oder einfache Posenrute - unkompliziert und kindgerecht.

Verschiedene Köder einsetzen: Maden, Würmer oder Mais - spannend und effektiv

Pausen einplanen: Snacks, Spiele oder Naturbeobachtungen einbauen

Sicherheit zuerst: Schwimmwesten an Stegen und Booten, klare Regeln

Natur erklären: Pflanzen, Tiere und Wasserlebewesen zeigen

Erfolge feiern: Fangfotos oder ein Fangtagebuch für Kinder führen

Jörg Strehlow mit 8 Jahren - und 2 Hechten ;-) ...

Muster legen. Jedes gefangene Fischlein darf ins Kinder-Fangbuch gemalt werden. Diese kleinen Missionen halten Kinder bei Laune und machen den Tag zu einem echten Abenteuer, selbst wenn die Fische einmal nicht beißen.

FREUNDE GEHEN ANGELN

Früher ging man zum Golf, heute geht man angeln! Das gilt für Geschäftspartner aber auch für gute Freunde, die ihr Hobby miteinander teilen. Am Wasser fällt das Reden laicht und Beziehungen lassen sich gut vertiefen.

GUTE GESPRÄCHE

Es wird dunkel, wir sitzen an diesem Winterabend vor unseren Grundruten und angeln auf Quappen. Zwei Thermoskannen dampfen und wir reden. Über unsere Familien, über Urlaub, Geld, Politik – also über Gott und die Welt. Wir haben aber auch schon schwere Krisen gemeinsam besprochen und uns ein ums andere Mal getröstet. Es gibt kaum einen Ort, an dem selbst harte Gesprächsthemen so leicht besprochen werden können wie am Wasser. Kein Druck, kein Zeitplan, nur die gemeinsame Ruhe und die Ruten im Blick. Angeln verbindet – manchmal schneller und tiefer, als man denkt. Mit einem Freund, einem Familienmitglied oder sogar einem neuen Bekannten am Wasser zu sitzen, hat seinen eigenen Zauber. Lange Phasen der Stille werden durch kurze, ehrliche Gespräche unterbrochen. Ein Biss, ein gemeinsamer Drill, das Staunen über den Fisch im Kescher. Das Angeln bietet viele Momen-

te, die zusammenschweißen. Oft fangen solche Bekanntschaften ganz unspektakulär an: Man trifft sich zufällig am Fluss, hilft beim Lösen eines Hakens oder gibt einen Tipp zum Köder. Ein kurzer Plausch wird zum Kaffee am nächsten Angeltag, und irgendwann angelt man Seite an Seite, teilt Köder, Geschichten und Pläne. Es sind ehrliche Freundschaften, gewachsen aus einem gemeinsamen Interesse, fernab von Lärm und Oberflächlichkeit.

BEZIEHUNGEN VERTIEFEN

Angeln ist Zeit füreinander, ohne Ablenkung. Der Tag am Wasser wird zu einem kleinen Ausbruch aus dem Alltag. Man redet über Dinge, für die sonst kein Raum bleibt, oder sitzt einfach schweigend nebeneinander, zufrieden mit dem gemeinsamen Moment. Gerade diese Mischung aus Aktivität und Ruhe macht Angeln zu einer einzigartigen Gelegenheit, Beziehungen zu pflegen. Auch das gemeinsame Engagement für die Natur verstärkt diese Bindungen. Wer mit Freunden Müll sammelt, den Angelplatz sauber hält oder bewusst auf nachhaltige Methoden achtet, teilt nicht nur das Hobby, sondern auch Werte. Dieses Miteinander schafft eine Basis, die weit über den nächsten Angelausflug hinausreicht.
Viele Freundschaften beginnen auch in Angelvereinen oder an Vereinsgewässern. Arbeitsdienste, Jugendgruppen oder gemeinsame Ansitze sind ideale Orte, um Gleichgesinnte zu treffen. Gerade nachhaltiges Angeln

Freunde am Wasser und mit dem Glück am Haken!

findet hier ein starkes Fundament: Wer zusammen Bäume pflanzt, Laichzonen pflegt oder Müllaktionen startet, erlebt Kameradschaft in ihrer besten Form. Es sind die kleinen Dinge, die zählen. Das Teilen der letzten Tasse Kaffee aus der Thermoskanne, das gegenseitige Keschern eines schönen Fisches, der Schulterklopfer nach einem gelungenen Fang. Aber auch größere Abenteuer wie ein gemeinsamer Ansitz in der Nacht oder ein Wochenendausflug ans Wasser verbinden.

NEUE MENSCHEN KENNENLERNEN

Angeln ist auch ein Türöffner und eine gute Gelegenheit, sozial aktiv und wertgeschätzt zu sein. Unabhängig von Herkunft, Vermögen, Intellekt oder körperlicher Verfassung. Ob am Forellenbach, im Hafen oder am Vereinssee, Angler kommen leicht ins Gespräch. Die gemeinsame Leidenschaft baut Brücken zwischen Generationen und Lebenswelten. Der Rentner mit jahrzehntelanger Erfahrung teilt sein Wissen mit dem Jungangler, und umgekehrt bringt die Jugend neue Ideen und Techniken ein. Angeln schafft neue Freundschaften und vertieft alte, bringt Menschen zusammen und schenkt Zeit, die heute selten geworden ist. Unverplante, stille, ehrliche Zeit - Qualitätszeit. Zwischen Bissen und Pausen, zwischen Kaffee und Kescher, wachsen Verbindungen, die oft ein Leben lang halten.

Zusammen im Boot und jede Menge Spaß - angeln verbindet.

Genau das macht Angeln nicht nur zu einer Leidenschaft, sondern auch zu einem Weg, Menschen zusammenzuführen – nachhaltig, verbindend und voller gemeinsamer Erinnerungen.

ANGELN ÜBERWINDET GEGENSÄTZE

Beim Angeln spielt es keine Rolle, wer du bist, wie du aussiehst oder woher du kommst. Am Ufer sind wir alle gleich – Menschen, die eine Leidenschaft teilen. Gegensätze, die im Alltag oft trennen, verlieren hier ihre Bedeutung.

AM WASSER ZÄHLT NUR DAS HIER UND JETZT

Zwei Angler, zwei Welten. Hier der traditionelle Ansitzangler auf dem Klappstuhl, dort der dynamische Raubfischjäger. Und doch stehen sie zusammen, lachen über die verpatzte Landung und fachsimpeln über den besten Köder. Am Wasser verschwinden Unterschiede. Stattdessen entsteht ein Miteinander, getragen von Ruhe, Natur und der geteilten Geduld, auf den nächsten Biss zu warten. Ein erfahrener Altangler zeigt einem zwölfjährigen Jungen, wie man eine Pose austariert. Wenig später erklärt der Junge ihm, wie er mit seinem Handy Fotos und Fangberichte an seinen Enkel posten kann. Zwei Welten, die scheinbar aufeinandertreffen, sich aber sehr gut ergänzen. Angeln ist oft ein Brückenbauer zwischen Generationen. Junge lernen Respekt und Handwerk, Ältere bekommen neue Impulse. Diese gegenseitigen Wertschätzungen und Bereicherungen sind es, die das Angeln so besonders machen.

VERSCHIEDENE KULTUREN, EIN GEMEINSAMES WASSER

An vielen Gewässern trifft man heute Angler aus unterschiedlichsten Ländern und Kulturen. Und wie oft entstehen dabei unerwartete Gespräche über Angelmethoden aus der Heimat, über traditionelle Köder oder gemeinsame Erfahrungen. Der Respekt vor dem Fisch, das Warten und Beobachten, das alles ist universell. Die Sprache des Angelns kennt keine Grenzen. Selbst mit wenigen Worten versteht man sich. Ein freundliches Nicken, ein Blick auf die krumme Rute, eine geglückte Kescherhilfe und schon ist man sich gegenseitig verbunden. Nachhaltiges Angeln verstärkt diese verbindende Kraft. Wer Müll sammelt, Laichzonen schützt oder auf schonende Methoden achtet, merkt schnell: Das funktioniert nur zusammen. Ich erlebe regelmäßig in den Arbeitseinsätzen im Verein, wie Anglergruppen, die sonst unterschiedlicher nicht sein könnten, gemeinsam Uferabschnitte von Abfall befreien oder Bäume pflanzen. Am Wasser zählt dann nicht, wer welchen Fisch bevorzugt oder welche Technik er nutzt, sondern das gemeinsame Ziel, unser Gewässer und die Natur für die Zukunft zu erhalten.

DISKUSSIONEN, DIE VERBINDEN

Natürlich gibt es am Wasser auch Meinungsverschiedenheiten über das Zurücksetzen von Fischen, Köderwahl oder Angelmethoden. Aber selbst diese Debatten verlaufen oft respektvoller als anderswo. Warum? Weil wir alle denselben Ort teilen.

Bildungsurlaube, Teambuilding und Seminare gehören für Strehlow zum Alltag und führen Menschen am Wasser zusammen.

Kein Angler will sehen, dass sein Gewässer leidet. Gegensätze werden hier nicht zum Streit, sondern zur Diskussion, die oft zu einem besseren gegenseitigen Verständnis führt. Oft sind es gerade die Unterschiede, die Freundschaften entstehen lassen. Ich habe mit Fliegenfischern gefachsimpelt, obwohl ich selbst lieber mit Gummifischen oder dem Wurm unterwegs bin. Und wie oft habe ich beim gemeinsamen Kaffee am Ufer von Karpfenanglern gelernt, wie geduldiges Beobachten funktioniert! Gegensätze sind keine Barrieren, sondern Einladungen, und das Angeln bietet Raum, sie zu überwinden. Gemeinsames Angeln und Fachsimpeln schafft Nähe und Austausch. Ältere Angler geben Tipps zu Techniken, junge erklären moderne Geräte, Baitcasterrollen oder digitale Fotografie. Gegenseitiges Etwas-voneinander-Lernen bringt Respekt. Köder und Montagen werden untereinander getauscht, kleine Rituale am Wasser geschaffen. Zusammen Nistkästen zu bauen, Uferpflanzen zu setzen oder Laichplätze zu markieren, vereint im Einsatz für den Naturschutz.

EIN PLATZ FÜR ALLE

Angeln ist bunt und jeder findet seinen Platz. Menschen mit Migrationshintergrund zeigen uns Methoden und Köder aus ihrer Heimat, körperlich eingeschränkte Menschen, Homosexuelle, Frauen, Männer, Kinder und Alte, Arme und Reiche – wir alle sprechen die gemeinsame Sprache des Angelns und erleben, auf welch angenehme Art und Weise dieses Hobby Menschen gleichmacht. All das passiert nebeneinander, und oft führt es zusammen. Ein geliehener Hakenlöser, ein gemeinsamer Fang, ein Tipp für den nächsten Spot oder einen Geheimköder. Kleine Gesten werden zu großen Brücken. Angeln hat die Kraft, Gegensätze zu überwinden. Es bringt unterschiedliche Menschen zusammen und schafft Raum für Respekt, für Gespräche ohne Eile und für Zusammenarbeit im Sinne der Natur. Am Wasser zählt nicht, was trennt, sondern was verbindet. Geduld, Freude am Draußensein und die Leidenschaft für ein uraltes Handwerk. Genau darin liegt die stille Stärke unseres Hobbys. Es vereint, wo sonst Unterschiede stehen würden, und das über alle Grenzen hinweg.

INFORMIEREN, STATT ZU KRITISIEREN

Geh respektvoll mit Passierenden und Gewässernutzenden wie Kanuten oder Schwimmern um. Sollten sie die Regeln nicht kennen oder missachten, die unter uns Angelnden gelten, klär deine Mitmenschen freundlich darüber auf.

PETRI HEIL, KNÆK OG BRÆK, TIGHT LINES

Ob „Petri Heil“ in Deutschland, „tight lines“ in England oder „bonne chance“ in Frankreich – Anglergrüße sind mehr als bloße Floskeln. Sie drücken Respekt, Kameradschaft und die Freude über ein gemeinsames Hobby aus.

EIN TAG AM MEER

Ein windiger Herbstmorgen an der Küste Dänemarks. Ich stehe am Fuß eines kleinen Steinriffs, die Wathose bis zur Brust hochgezogen. Mein Küs-

Wie würde es wohl an vielen unserer Gewässer aussehen, ohne den Einsatz von Anglern und Vereinen für die Natur?

tenwobbler fliegt immer wieder weit in die aufgewühlte Ostsee. 20 Meter neben mir watet ein Däne ins Wasser, den ich vorher noch nie gesehen habe. Wir nicken uns freundlich zu, heben die Hand und werfen schweigend weiter. Wenig später hat mein Nachbar einen harten Biss und seine Rute biegt sich ordentlich. Zehn Meter vor ihm springt eine prachtvolle, blanke Meerforelle. Ohne zu überlegen, watete ich ihm entgegen, denn er hatte keinen Kescher auf dem Rücken. Ich zeige meinen Kescher und er nickt beherzt. Wenig später zappelt ein wunderschöner 60er Fisch im Netz und wir liegen uns für einen Moment in den Armen. Mit breitem Grinsen fischen wir weiter, nun ein wenig näher beisammen. Worte brauchten wir damals nicht. Der Fisch im Netz, die Umarmung - Kommunikation in ihrer reinsten Form!

ANGELN SPRICHT EINE UNIVERSELLE SPRACHE

Selbst wenn man die Sprache des anderen kaum versteht, reicht ein respektvoller Gruß, um eine Verbindung herzustellen. Beim Angeln zählen nicht die Worte sondern Gesten. Ein Blick zur krummen Rute, ein Daumen hoch für einen gelungenen Drill, ein freundliches Nicken am Ufer und schon versteht man sich. Am Wasser verschwindet die Sprachbarriere genauso schnell wie der Alltagsstress. Wer gerne reist und angelt, lernt Menschen kennen, die er sonst nie getroffen hätte. Den schwedischen Hechtangler, der seine

„Kippis", dazu das Herz eines Anglers - schon versteht man sogar finnisch.

Lieblingsbucht zeigt, den polnischen Karpfenfreund, der am Vereinssee nebenan sein Zelt aufschlägt, oder den englischen Fliegenfischer, der einem beiläufig seinen Gruß „tight lines“ erklärt. Ein gemeinsames Hobby schafft Vertrauen schneller als jedes Gespräch über Politik oder Herkunft. Besonders spannend wird es, wenn internationale Anglergruppen nicht nur Fische, sondern auch Verantwortung teilen. In Dänemark habe ich erlebt, wie sich Urlauber und Einheimische gemeinsam an einer Müllsammelaktion an der Küste beteiligten. In Österreich legen Einheimische zusammen mit Anglern aus Deutschland in harter Arbeit Totholzbereiche im Flachwasser an, um Jungfischen bessere Laichplätze zu bieten. Der Wunsch nach gesunden Gewässern ist überall derselbe – egal, welche Sprache wir sprechen.

SO WIRD ANGELN ZUR INTERNATIONALEN VERSTÄNDIGUNG

Lernt lokale Angelgrüße! Ein einfaches „knak og brak“ oder „tight lines“ öffnet sofort Türen. Teilt Köder und Tipps und handelt gemeinsam. Müllsammeln, Ufer säubern oder Fische schonend zurücksetzen verbindet Angler über Sprachgrenzen hinweg. Probiert landestypische Methoden, Köder oder Angelrituale aus und lasst Gesten sprechen. Ein Nicken, ein Lächeln, ein gehaltener Kescher, mehr braucht es oft nicht. Am Wasser verschwinden Grenzen. Angeln ist eine Sprache, die jeder versteht, unabhängig von Dialekt oder Nationalität. Sie drückt Respekt, Kameradschaft und die Liebe zum Wasser aus.

Angelfreund Anssi aus Finnland – beim Angeln verbinden Erfolg, Niederlage und Leid.

VERHALT DICH RESPEKTVOLL IM AUSLAND

Informier dich vor einem Angelausflug in andere Länder über die dortigen Fischereigesetze und Verhaltensregeln am Wasser und befolg diese. Halte Maß bei der Entnahme von Fischen, auch wenn es besser beißt als an deinem Hausgewässer. Achte Kultur und Lebensweise der einheimischen Bevölkerung. Geh aber auch hier in den Dialog, wenn Fische nicht korrekt getötet werden und deshalb Qualen erleiden müssen.

Für abenteuerlustige Menschen kann Angeln das perfekte Hobby sein.

Angeln ist Abenteuer

Diese kleine Outdoor-Schule vermittelt Fertigkeiten, die uns draußen unabhängiger machen, die Verbindung zur Wildnis stärken und dabei helfen, nachhaltiger und umweltfreundlicher zu angeln.

SPURENLOS UND SELBSTSTÄNDIG

Ein kleines, sicheres Feuer am Ufer kann Gold wert sein. Zum Aufwärmen, zum Trocknen nasser Kleidung oder zum Kochen einer einfachen Mahlzeit. Doch offenes Feuer verlangt Achtsamkeit. Verwende nur Totholz, das du am Boden findest, niemals lebende Äste. Bau dein Feuer an einer bestehenden Feuerstelle oder auf feuchtem Sand und lösch es vollständig, bis die Asche kalt ist. Ein Spirituskocher oder eine kleine Gaskartusche sind oft die bessere Wahl, denn sie schonen den Untergrund und hinterlassen keine Spuren.Auch wenn moderne Apps und GPS-Geräte verlockend sind, sollten sie bestenfalls als Sicherheitsreserve im Rucksack landen. Nichts ersetzt nämlich den Blick für Gelände und Natur. Lerne, dich an Landmarken zu orientieren, also an markanten Bäumen, Flussbiegungen oder Hügelketten. Eine einfache Kompasskarte im Rucksack ist Ausdruck von Selbstständigkeit. Wer zusätzlich noch die Himmelsrichtungen anhand der Sonne oder der Sterne bestimmen kann, gewinnt Freiheit und Sicherheit zugleich.An entlegenen Gewässern ist Trinkwasser nicht immer selbstverständlich. Ein einfacher Wasserfilter oder Tabletten zur Desinfektion sollten daher im Gepäck sein. Notfalls hilft das Abkochen von Wasser über dem Kocher. Drei Minuten sprudelndes Kochen reichen in unseren Breiten meist aus, um Bakterien und Keime abzutöten. So vermeidest du Plastikflaschen und schonst gleichzeitig die Umwelt.

MINIMALISMUS UND NATURVERBUNDENHEIT

Reduzier dein Gepäck auf das Wesentliche. Leichte, multifunktionale Ausrüstung spart Gewicht und schärft die Sinne. Weniger Ballast heißt mehr Freiheit, und genau darin liegt der Kern des Naturerlebnisses – nämlich in seiner Einfachheit und gelebtem Minimalismus. Bushcraft lehrt uns, die Landschaft nicht zu verbrauchen, sondern Teil von ihr zu werden. Ein Angelplatz ist kein Campingplatz: Vermeide Lärm, halt Abstand zu Brutplätzen und sammle Müll ein, auch wenn es nicht deiner ist. Mit einem Stück Kordel, einem Taschenmesser und etwas Übung improvisierst du Rutenhalter aus Astgabeln, einen Windschutz aus Zweigen oder einen

Die Weiten der Natur halten so manches Abenteuer für uns bereit.

kleinen Hocker. Alles, was du selbst herstellst, macht dich unabhängiger. Gleichzeitig übst du den achtsamen Umgang mit Ressourcen. Schneid nur, was nachwächst, und hinterlass keine sichtbaren Spuren. Es gibt kaum etwas Befriedigenderes, als draußen zu kochen. Ob auf einem kleinen Kocher oder über Feuer. Dabei gilt immer: Nutze nur, was du wirklich brauchst, und vermeide Überfluss.

FINDE DEIN FEUER WIEDER

Am Wasser ist es manchmal so leise, dass man fast vergisst, dass man nicht allein ist auf dieser Welt. Das Angeln ist in diesen Momenten ein Weg, sich selbst wiederzufinden.

DIE KRAFT DER LANGSAMKEIT

Kein Straßenlärm, kein klingelndes Telefon, keine E-Mails. Nur das Rauschen der Strömung, das Rascheln der Blätter im Wind und das leichte Zittern der Rutenspitze im Rhythmus der Wellen. In unserem Alltag verlieren wir oft den Kontakt zu dem, was wirklich zählt. Wir eilen von Termin zu Termin, sind ständig erreichbar, ständig abgelenkt. Dabei überhören wir eine Stimme, die leiser spricht als alle anderen. Es ist unsere eigene Stimme. Am Wasser, weit weg vom Lärm und der Geschwindigkeit, fängt sie wieder an zu klingen. Sie sagt nicht viel, und das ist gut so. Sie erinnert uns daran, was wir brauchen, um wie-

der in Balance zu kommen. Zeit, Stille, Einfachheit. Und Geduld. Die erlaubt uns keine Abkürzungen, keinen Knopf, der den Fisch an den Haken bringt. Du sitzt, du wartest, du beobachtest. Und irgendwann bemerkst du, dass dieses Warten keine Leere ist. Es ist gefüllt mit kleinen Dingen, die sonst untergehen. Das Kreisen eines Eisvogels, die Spiegelung der Wolken im Wasser, das Geräusch des eigenen Atems und Herzschlags. Dieses bewusste Erleben ist der Kern dessen, was dich zur Ruhe bringt. In der Stille des Wassers geschieht etwas Bemerkenswertes. Gedanken, die eben noch kreisten, verlieren an Gewicht. Sorgen, die sich zu Hause noch groß an-

CHECKLISTE FÜR BUSHCRAFT-ANGLER

Bushcraft ist weniger die Frage, was man trägt und was man alles braucht: Wer draußen mit offenen Augen unterwegs ist, lernt, sich auf das Wesentliche zu konzentrieren. Alles, was du mitnimmst, soll dir helfen, leichter und respektvoller in der Natur zu leben.

Grundausrüstung für die Natur

1. Leichter Rucksack (20–30 Liter)
2. Multifunktionales Taschenmesser oder kleines Outdoor-Messer
3. Kordel (mindestens 5 Meter)
4. Feuerstahl oder wasserdichte Streichhölzer
5. Spirituskocher oder kleine Gaskartusche mit Kocheraufsatz
6. Trinkflasche, am besten nicht aus Plastik
7. Wasserfilter oder Wasseraufbereitungstabletten
8. Leichte Isomatte oder Sitzkissen

Kleidung und Schutz

1. Wetterfeste Jacke (atmungsaktiv, wasserabweisend)
2. Funktionsunterwäsche und Wechselkleidung
3. Feste, wasserdichte Schuhe oder Stiefel
4. Mütze oder Buff gegen Sonne und Wind
5. Dünne Arbeitshandschuhe für Feuerholz oder Schnitzarbeiten
6. Regenhülle für den Rucksack

Kleine Outdoor-Helfer

1. Kompass und laminierte Karte der Region
2. Stirnlampe mit Ersatzbatterien
3. Kompaktes Erste-Hilfe-Set
4. Müllbeutel, robust und wiederverwendbar
5. Biologisch abbaubare Seife und kleines Handtuch
6. Emaille- oder Titanbecher zum Kochen und Trinken

fühlten, werden hier kleiner. Das liegt nicht daran, dass sie verschwinden. Sie ordnen sich einfach anders ein. Angeln trennt Wichtiges von Nebensächlichem. Und du hörst wieder, was dir wirklich fehlt: Schlaf, Natur, Nähe zu Menschen, die dir guttun. Und ein wenig Zeit für dich selbst.

DIE INNERE STIMME

Diese innere Stimme ist kein lautes, forderndes Echo. Sie klingt leise und warm, fast wie ein vertrauter Freund, der dich daran erinnert, dass du nicht immer schneller, besser, produktiver sein musst. Sie sagt: „Setz dich hin. Atme. Hör hin." Angeln ist ideal für diesen Dialog mit dir selbst. Denn du bist nicht gezwungen, dich zu beweisen. Du bist einfach nur da und das reicht. Wer länger draußen am Wasser ist, merkt schnell, wie wenig er eigentlich braucht, um zufrieden zu sein. Ein warmer Tee aus dem Becher, ein einfacher Sitz am Ufer, vielleicht ein Stück Brot und Käse. Diese Reduktion wirkt nicht wie Verzicht, sondern wie Befreiung. Sie zeigt uns, dass viele unserer Bedürfnisse überlagert sind von dem, was andere von uns erwarten. Am Wasser fallen diese spröden Schichten einfach ab. Zurück bleibt das Wesentliche: Wärme, Sicherheit, Ruhe, Verbundenheit. Wer regelmäßig ans Wasser geht, kommt verändert zurück. Nicht weil ein Rekordfisch gebissen hat, sondern weil ein Stück von dem wieder aufgetaucht ist, was im Alltag verschüttet war. Ein geheimnisvoller Morgennebel und der Duft von feuchtem Gras können besser heilen als ein ganzer Stapel Ratgeberbücher. Angeln ist kein Sport, der nur die Hand oder unser Gehirn trainiert. Es ist eine Haltung, die Herz und Kopf wieder ins Lot bringt. Es ist eine Rückkehr zu deinem inneren Gleichgewicht.

Wer Natur so tief und unmittelbar spürt, der behandelt sie auch anders. Nachhaltiges Handeln wird dann nicht zu einer Pflicht, sondern zu einer logischen Folge. Du willst nichts zerstören, was dir Frieden schenkt. Du willst nichts nehmen, was du nicht brauchst. Du willst vielmehr etwas zurückgeben. Durch Achtsamkeit, durch Rücksicht, damit dieser Ort für andere genauso heil bleibt wie für dich.

Beim Angeln kann man gut sein eigenes Feuer wiederfinden – auf unterschiedlichste Art und Weise.

Angler und Fisch haben eine Verbindung – eine uralte Verbundenheit.

ÜBUNGEN FÜR MEHR ACHTSAMKEIT AM WASSER

Fünf-Minuten-Stille

Setz dich bequem ans Ufer, leg die Rute beiseite und schließ die Augen. Atme ruhig und tief ein und aus. Zähl dabei deine Atemzüge bis zehn und beginn wieder von vorn. Lausch bewusst auf die Geräusche um dich herum: Wasser, Wind, Vogelstimmen. Diese kurze Pause erdet und öffnet deine Sinne.

Der Blick für das Kleine

Wähl einen kleinen Bereich vor dir, vielleicht einen Quadratmeter Ufer oder Wasserfläche. Beobachte fünf Minuten lang nur diesen Ausschnitt mit seinen Insekten, Lichtreflexen und Wellenbewegungen. Dieses Fokussieren beruhigt den Geist und schult die Aufmerksamkeit für Details, die sonst übersehen werden.

Dankbarkeit

Bevor du den Platz verlässt, halt einen Moment inne. Sieh dich um und nenn im Stillen drei Dinge, für die du dankbar bist. Die frische Luft, einen schönen Sonnenuntergang oder einfach die Ruhe. Diese Übung verknüpft dein Naturerlebnis mit einem positiven inneren Gefühl und macht das Angeln zu mehr als nur einem Fangversuch.

DIE SACHE MIT DEM URTRIEB

Bevor wir Städte bauten, bevor wir Landwirtschaft betrieben, lebten wir als Jäger und Sammler. Gewässer waren unsere Lebensadern und Fische waren Nahrung, Sicherheit, Überleben. Die Fähigkeit, sie zu fangen, entschied über das Überleben unserer Vorfahren.

WARUM ANGELN SICH „RICHTIG" ANFÜHLT

Wenn wir heute ans Wasser gehen, greifen wir unbewusst auf ein altes Muster zurück. Wir suchen, wir beob-

Wir kennen ihn, den „flow“ – wenn Stunden zu Sekunden und Tage zu Minuten werden. Zeit wird relativ am Wasser.

achten, wir warten. Es ist dieselbe Aufmerksamkeit, dieselbe Geduld, dieselbe Verbindung mit der Natur, wie die unserer Urahnen. Nur dass wir sie nicht mehr aus Notwendigkeit erfahren, sondern aus Sehnsucht. Mit jedem Atemzug, mit jedem Blick auf das Wasser wird der Alltag leiser. Angeln gibt uns das Gefühl, zu etwas Ursprünglichem zurückzukehren. Es ist kein hektisches Rennen und kein Wettbewerb. Es ist langsam, archaisch, fast meditativ. Und genau deshalb berührt es etwas in uns, das älter ist als Sprache oder Technik. Schon unsere Vorfahren saßen abends am Ufer, kochten, erzählten Geschichten und blickten ins Feuer. Diese Szenen sind in unserer DNA geblieben. Wenn wir heute am Wasser sind, mit einem kleinen Kocher und einer dampfenden Tasse Tee, dann knüpfen wir an dieses Erbe an. Der Geruch von Rauch, das leise Plätschern der Strömung – es sind dieselben Sinneseindrücke wie vor Tausenden von Jahren.

ANGELN ALS GEGENBEWEGUNG

Vielleicht ist genau das der Grund, warum Angeln in unserer beschleunigten Welt so wohltuend wirkt.

VERMEIDE VERPACKUNGSMÜLL

Greif im Angelladen eher zu einem Köder, der nicht aufwändig und mehrfach verpackt ist, sondern bevorzug lose Köder ohne Blisterverpackungen, besonders wenn diese aus Plastik sind. Klär auch bei deiner Bestellung im Internet zuvor ab, wie die Köder verpackt sind.

Ein frisch gefangener Fisch über knisterndem Feuer – so war es schon vor hunderttausend Jahren.

Während wir von Bildschirmen und Terminen getrieben werden, bietet uns das Wasser eine Pause. Es erinnert uns daran, wie wenig wir eigentlich brauchen: ein Gewässer, etwas Zeit und den Mut, still zu werden. Angeln ist eine Gegenbewegung zur Moderne. Nicht aus einer Nostalgie heraus, sondern weil es uns mit etwas versöhnt, das wir lange vergessen haben – mit unserer eigenen Natur!

Wer Angeln als urtümliches Erleben begreift, wird die Natur automatisch schützen wollen. Auch unsere Vorfahren nahmen nur, was sie wirklich brauchten, weil sie wussten, dass sie sonst morgen nichts mehr vorfinden würden. Genau diese Haltung gilt es zurückzugewinnen, nur so viel zu entnehmen, wie wir verwerten, Spuren vermeiden, Lebensräume respektieren. Nachhaltigkeit ist dann keine Vorschrift mehr, sondern eine Selbstverständlichkeit.

ANGELN IST ERINNERUNG

Erinnerung daran, dass wir Menschen nicht nur Schreibtischwesen und Bildschirmarbeiter sind, sondern immer auch Naturwesen bleiben werden. Vielleicht ist es genau diese Erinnerung, die uns am Wasser so guttut, weil sie uns lehrt, wer wir wirklich sind. Das Knistern eines kleinen Feuers am Ufer bedeutet Wärme, Licht und Sicherheit wie vor Tausenden von Jahren. Es verbindet uns direkt mit den Ritualen unserer Vorfahren. Langsamkeit war einst Überlebensstrategie. Wer wartet, wer aufmerksam lauscht und beobachtet, spürt dieselbe Wachsamkeit wie die Menschen unserer Frühzeit. Der Fang eines Fisches war früher kein Sport, sondern Lebensgrundlage. Wenn wir heute bewusst und maßvoll entnehmen, knüpfen wir an diese ursprüngliche Beziehung zur Natur an. Wind, Regen, Sonnenaufgang. Am Wasser spüren wir, wie Wetter und Tageslicht unseren Ablauf bestimmen. Genau wie in den Zeiten, als wir noch im Einklang mit der Natur lebten.

Im Fluss am Bach – Angeln macht Zeit klein, zur Nebensache.

LANGEWEILE IST GESUND

Nur du, das Wasser und die Landschaft, die dich umgibt. Anfangs wirkt diese Einsamkeit vielleicht ungewohnt, beinahe fremd. Doch bald verwandelt sie sich in etwas Kostbares. In eine Ruhe, wie man sie kaum noch kennt.

DER WERT DER STILLE

In unserer Welt ist Stille zu einem seltenen Gut geworden. Sie wird verdrängt von Motorenlärm, Stimmengewirr und digitalen Benachrichtigungen. Am Wasser jedoch findest du einen Ort, der all das ausblendet. Hier hörst du nur das leise Plätschern der Wellen, den Ruf eines Vogels, vielleicht das ferne Knacken eines Astes im Wald. Diese Geräusche sind ein Teil der Ruhe. Sie geben dir das Gefühl, wieder in einen ursprünglichen Zustand zurückzukehren, in dem nichts drängt und nichts eilt. Einsamkeit wird oft mit Leere und Langeweile verwechselt. Doch die Einsamkeit, die wir beim Angeln erleben, ist erfüllt von Landschaft, von Natur, von dem beruhigenden Wissen, dass hier gerade nur das zählt, was vor deinen Augen liegt. Sie ist nicht beängstigend, sondern klärend. Sie gibt dir Raum, um Gedanken zu ordnen, Dinge loszulassen oder einfach nur zu sein. Manchmal merkt man erst in diesen Momenten, wie laut der Alltag eigentlich ist. In dieser Ruhe beginnst du, mit dir selbst ins Gespräch zu kommen. Leise, unbewusst, fast nebenbei. Plötzlich tauchen Gedanken auf, die lange keinen Platz mehr hatten. Vielleicht erinnerst du dich an etwas, das dir wichtig war und verloren ging. Vielleicht erkennst du, dass ein Problem kleiner ist, als es schien. Angeln wird dann zu einer Form von Selbstgespräch, in dem keine Antwort erzwungen wird, in dem du keinen überzeugen oder beeindrucken musst. Du hörst einfach nur zu. Wer allein am Wasser sitzt, merkt schnell, wie sehr sich innere Zustände in der Natur spiegeln. Ein klarer Morgen mit glattem Wasser beruhigt. Ein stürmischer Nachmittag mit aufgewühlten Wellen spiegelt vielleicht Unruhe wider, die du in dir trägst. Diese Resonanz macht deutlich, wie eng wir mit unserer Umgebung verbunden sind. Ruhe entsteht nicht nur in uns selbst, sie entsteht im Zusammenspiel mit der Welt um uns.

NACHHALTIGKEIT AUS EINSICHT

Einsamkeit und Ruhe sind nur möglich, weil es noch Orte gibt, die unberührt genug sind, um sie zuzulassen. Nachhaltiges Angeln heißt, diese Ruhe zu bewahren, für uns selbst und für die, die nach uns kommen. Viele Angler berichten davon, dass sie in dieser Einsamkeit nie das Gefühl haben, wirklich allein zu sein. Das Wasser, der Wind, die Vögel – eine stille Gesellschaft. Sie fordert nichts, sie bewertet nicht. Sie ist einfach da, wie ein stiller Begleiter. Diese besondere Art von Verbundenheit ist etwas, das man nur draußen spürt, abseits von Menschenmengen und künstlichem Licht. Wenn du nach Stunden oder Tagen der Einsamkeit nach Hause zurückkehrst, ist da ein Gefühl von Leichtigkeit. Die Ruhe bleibt noch eine Weile in dir, wie ein leiser Nachklang. Und oft ist es genau dieser Nachhall, der uns immer wieder ans Wasser zieht.

DER GROSSE FANG

Dieser unvermittelte Ruck in der Rute, das Kreischen der Bremse. Das Herz, das sofort schneller schlägt. Der große Fisch hat gebissen! In Sekunden ist die Ruhe vorbei und aus der Gelassenheit des Wartens wird höchste Konzentration.

Slow cooking am Wasser, eine Chance zur tiefen Entspannung.

EIN GESCHENK DER NATUR

Jetzt zählt nur noch der Kontakt zwischen dir und dem Fisch. Dieser Augenblick ist pures Adrenalin, eine Verbindung, wie sie nur Angler kennen. Du spürst die rohe Kraft am anderen Ende der Schnur. Endlose Fluchten, die ständige Angst, diesen Traumfisch zu verlieren! Nachgeben oder Druck machen, Ruhe bewahren oder jetzt doch alles riskieren? Jeder Handgriff muss sitzen, es müssen Entscheidungen binnen Sekunden getroffen werden. Auf einmal ist Angeln ganz an-

ders und aufgeladen mit höchster Spannung und Aufregung.
Doch mitten in diesem Rausch liegt auch Verantwortung. Ein großer Fisch ist kein Pokal und keine Trophäe. Er ist ein Lebewesen, das lange gebraucht hat, um so stark zu werden. Wer ihn respektvoll behandelt, zeigt wahre Größe. Dazu gehört, den Drill sauber und ohne unnötige Härte zu führen, den Fisch nicht auszupowern und ihn nach dem Landen behutsam zu behandeln. Unabhängig davon, ob er zurückgesetzt oder entnommen wird. Nachhaltiges Angeln heißt, auch in solchen Momenten klar zu bleiben, den Fisch im Wasser zu halten, ihn schonend abzuhaken. Wer zurücksetzt, sorgt bitte für eine schnelle Erholung: den Fisch nicht lange aus dem Wasser heben, nicht auf trockenem Boden ablegen. Wer entnimmt, tut dies bewusst und gezielt. Nicht aus Gier, sondern mit Dankbarkeit für die Nahrung, die ihm geschenkt wurde.

GESCHENK UND BESTÄTIGUNG

Der Drill endet, und plötzlich ist da wieder Ruhe. Du hältst den Fisch in den Händen, spürst seinen kräftigen Körper, den Blick aus klaren Augen. Genau hier wird uns bewusst, wie eng wir mit dem Wasser und seinen Bewohnern verbunden sind. Dieser Moment bleibt. Nicht nur als Fang, sondern als tiefe und ewige Erinnerung. Ein großer Fisch ist nicht nur ein Beweis für unsere Ausdauer und eine Reihe richtiger Entscheidungen, die wir getroffen haben. Er ist ein Geschenk. Er zeigt uns, wie wertvoll die Gewässer sind, die wir beangeln, und wie wichtig es ist, sie zu schützen. Denn nur in gesunden, intakten Lebensräumen wachsen solche Fische heran. Nachhaltiges Denken ist daher die Grundlage für genau diese Augenblicke. Wenn der Fisch schließlich zurück ins Wasser gleitet oder bewusst verwertet wird, bleibt ein Gefühl zu-

TIPPS FÜR ECHTE RUHE AM WASSER

Wähl entlegene Plätze
Such Gewässerabschnitte abseits bekannter Hotspots. Kleine Bäche, Altarme oder der abgelegene Waldsee schenken mehr Einsamkeit und weniger Störungen.

Plan bewusst Offline-Zeit ein
Lass das Smartphone ausgeschaltet oder im Flugmodus. Schon nach kurzer Zeit merkst du, wie dein Blick sich von Bildschirmen löst und zur Umgebung zurückkehrt.

Setz auf leise Bewegungen
Geh langsam, vermeide unnötige Geräusche und genieß die Stille. Je leiser du wirst, desto mehr Natur erlebst du und desto stärker spürst du Ruhe.

Nimm dir Zeit ohne Erwartung
Geh ans Wasser, ohne Fangdruck. Sieh die Stunden dort nicht als Mittel zum Zweck, sondern als wertvolle Zeit für dich selbst.

Bleib bis in die Übergangszeiten
Früher Morgennebel oder die Stille nach Sonnenuntergang sind besondere Momente. Hier entfaltet die Einsamkeit ihre ganze Kraft, oft ohne eine Menschenseele weit und breit.

Irgendwann kann es passieren, unverhofft - dann erscheint er, der König des Gewässers und schnappt sich unseren Köder!

rück, das Worte kaum fassen können. Am besten beschreibt es der Begriff Ehrfurcht.

URBAN FISHING – ANGELN MITTEN IM LEBEN

Weite Seen, einsame Flusslandschaften, ursprüngliche Küsten. Aber halt, es gibt noch eine andere Umgebung, die in den letzten Jahren immer mehr Aufmerksamkeit erhält - das „Urban Fishing".

HAMBURG, BERLIN, RUHRPOTT

Gemeint ist das Angeln inmitten unserer Städte, zwischen Brückenpfeilern, Schleusen und Uferpromenaden, flankiert von vorbeiziehenden Radfahrern, Joggern und Straßenbahnen. Auf den ersten Blick ein Gegensatz. Ruhe und Naturverbundenheit hier, Lärm und Beton dort. Und doch birgt gerade dieses Spannungsfeld einen besonderen Reiz und eine Botschaft, die aktueller kaum sein könnte. Denn Urban Fishing ist weit mehr als ein Trend für oft jugendliche Angler, die in der Stadt wohnen und keine Zeit für lange Anfahrten haben. Es ist Ausdruck einer neuen Achtsamkeit. Wenn wir mitten in Hamburg, Berlin oder Köln mit der Rute am Wasser stehen, machen wir sichtbar, dass Natur überall ist. Selbst dort, wo sie oft verdrängt scheint. Unter den Wasseroberflächen der Stadtkanäle, der alten Industriehäfen oder Flussläufe pul-

An den steinigen Ufern von Hafenanlagen oder im Boot, verwenden wir am besten eine gummierte Matte zum Ablegen und Vermessen des Fanges.

siert Leben. Barsche jagen in Schwärmen, Karpfen ziehen gemächlich durch die Buhnenfelder und Zander oder Hechte fühlen sich im Schatten der Brückenpfeiler wohl. Wer hier fischt, erlebt die Widerstandskraft und Schönheit urbaner Ökosysteme unmittelbar.

BRÜCKEN BAUEN

Gleichzeitig zeigt sich in keiner anderen Form des Angelns so deutlich die Verantwortung, die wir tragen. Denn die Belastungen in unseren Stadtgewässern sind offensichtlich: Plastikmüll, Schadstoffe, Übernutzung. Nachhaltiges Urban Fishing heißt deshalb, sich nicht nur den Fischen, sondern dem gesamten Lebensraum zuzuwenden. Müllsammeln gehört ebenso dazu wie der bewusste Verzicht auf unnötige Köderverpackungen. Der schonende Umgang mit den gefangenen Fischen ist selbstverständlich, sei es durch maßvolles Entnehmen oder durch das Zurücksetzen in bester Verfassung. Für mich ist Urban Fishing auch eine Schule der Gelassenheit. Wer an belebten Uferpromenaden angelt, wird beobachtet, manchmal befragt, hin und wieder belächelt. Doch gerade darin liegt eine Chance: Wir Angler treten aus unserer stillen Nische heraus und werden Botschafter für die Natur! Mitten im Alltag der Menschen. Jeder, der stehen bleibt und fragt, was da im Wasser passiert, erhält einen Einblick in die faszinierende, unsichtbare Welt direkt vor seiner Haustür. So kann Urban Fishing Brücken schlagen zwischen Mensch und Natur, Stadt und Wasser.

HALT DEN LANDGANG DES FISCHES KURZ

Das Ablegen von Fischen am Ufer zum Wiegen, Messen oder Fotografieren vermeide bitte möglichst. Fische auf jegliche Art lebend zu hältern, allein um sie später zu fotografieren, ist mit dem Tierschutzgesetz nicht vereinbar und sollte bei dir auf dem Index stehen. Kein noch so schönes Foto rechtfertigt unnötig langes Leid eines Lebewesens.

1

2

1. In manchen Städten ist es ziemlich grün …

2. … während es anderswo sehr urban zugeht.

AN MAUERN UND WÄNDEN

Wenn du an einer Mauer oder einem Anleger angelst, führ bitte eine entsprechende Landehilfe in Form eines Spundwand-Keschers oder eines langstieligen Unterfangkeschers mit. Damit lassen sich gelandete Fische auch schonend ins Wasser zurücksetzen. Am Ufer solltest du zum Ablegen deines Fanges außerdem eine weiche und feuchte Matte bereithalten.

Zanderfilet auf der Haut gebraten, mit Zutaten aus dem Wald
und von der Wiese.

Angeln bringt bestes Essen

Es gibt kaum etwas Ursprünglicheres, als einen selbst gefangenen Fisch direkt am Wasser zuzubereiten. Kein Supermarkt, keine Verpackung – nur du, das Wasser und die Natur, die dir ein echtes Stück Nahrung schenkt.

WENIGER IST MEHR

Der Verzehr von selbst geangeltem Fisch ist eine Rückkehr zu einfachen, ehrlichen Genüssen und ein Ausdruck von Wertschätzung gegenüber dem Fisch. Die Beute, womöglich noch fangfrisch, direkt am Angelplatz zuzubereiten, ist ein besonderes Erlebnis. Draußen brauchst du keine große Küche. Ein kleiner Kocher, eine Pfanne oder ein Grillrost genügen. Ein frisch gefangener Fisch braucht keine Marinaden oder komplizierte Zutaten, nur etwas Salz, Pfeffer und vielleicht ein paar frische Kräuter. Oft reicht schon das Braten in etwas Öl oder Butter, um ein Aroma zu entfalten, das jede Restaurantküche blass aussehen lässt. Nachhaltiges Denken setzt unmittelbar beim Fang ein. Nur so viel zu entnehmen, wie du wirklich essen kannst, ist selbstverständlich. Große Laichfische bleiben im Wasser, damit sie den Bestand sichern. Mittelgroße Exemplare eignen sich am besten, denn sie sind jung, vital und von hervorragender Qualität. Wer maßvoll fischt, sichert die Grundlage für zukünftige Generationen und genießt mit gutem Gewissen.

EINFACH, FRISCH UND DRAUSSEN

Es gibt kaum einen besseren Moment als den, wenn der Fisch frisch filetiert in die Pfanne wandert und wenige Minuten später duftend auf dem Teller liegt. Dazu ein Stück Brot, ein paar Wildkräuter oder frische Waldpilze, mehr braucht es nicht. Diese Einfachheit ist nicht Verzicht, sondern purer Genuss. Sie macht bewusst, wie wertvoll Nahrung ist, wenn man sie selbst gefangen, selbst zubereitet hat und direkt in der Natur genießt. Wer draußen kocht, spürt die Verbindung zur Natur besonders deutlich. Ein Fisch ist kein Produkt, er ist ein Lebewesen, das Teil des Ökosystems ist. Der Duft des Bratens, das Knistern des Feuers, der Blick über das Wasser. All das macht das Essen draußen zu einem Erlebnis, das weit über den Geschmack hinausgeht. Es ist ein Moment, der in Erinnerung bleibt und zeigt, wie eng Angeln, Natur und bewusster Genuss zusammengehören. Und du erlebst, wie gut einfache Mahlzeiten schmecken können, wenn wir sie in der Natur erleben. **Sauber und achtsam** Aber bitte Vorsicht mit offenem Feuer bei Dürre und Tro-

Räuchern kann jeder!

ckenheit. In diesen Perioden und natürlich dort, wo es grundsätzlich verboten ist, ist kein Platz für das Kochen draußen. Auch die Reste der Fische, die nicht direkt verwertet werden, sollen und dürfen mancherorts nicht am Gewässer zurückgelassen werden. An vielen Vereinsgewässern gibt es entsprechende Vorschriften. Deshalb bitte unbedingt informieren, die Wetterlage gewissenhaft prüfen und gegebenenfalls einen Behälter oder einen Beutel zum Mitnehmen der Fischreste bereithalten. Die gehören übrigens nicht in den Müll, sondern ergeben, gründlich gewaschen und mit Wurzelgemüse gekocht, einen wunderbaren Fond für Saucen und Fischsuppen.

DREI EINFACHE OUTDOOR-REZEPTE FÜR ANGLER

Gebratener Fisch am Ufer

1. Frisch gefangenen Fisch ausnehmen und schuppen.
2. Mit Salz, Pfeffer und etwas Öl würzen.
3. In einer Pfanne über dem Kocher oder Feuer goldbraun braten.
4. Dazu frisches Brot oder Kartoffeln aus der Glut.

Fischspieße vom Stock

1. Fischfilets in Stücke schneiden.
2. Auf saubere Weidenstöcke oder Metallspieße stecken.
3. Über der Glut langsam drehen, bis der Fisch saftig gegart ist.
4. Mit Wildkräutern wie Bärlauch oder Sauerampfer verfeinern.

Fischsuppe im Feldtopf

1. Gräten und Kopf mit Wasser, etwas Salz und Gemüse (Zwiebel, Möhre) köcheln.
2. Brühe abgießen, Filetstücke zugeben und kurz ziehen lassen.
3. Mit frischen Kräutern bestreuen und direkt heiß am Wasser genießen.

FISCH, DAS WAHRE POWERFOOD

Frischer Fisch ist pure Energie, unverfälscht und frei von all dem, was in industriell verarbeiteten Lebensmitteln steckt. Fisch ist das wahre Powerfood. Nicht etwa, weil es im Trend liegt, sondern weil es voller wichtiger Nährstoffe, gesunder Fette und Proteine steckt.

VON NATUR AUS GESUND

Ein Fisch, den du selbst gefangen hast, ist so unverfälscht, wie Nahrung nur sein kann. Keine langen Transportwege, keine Lagerung, kein Eingriff in seine Natürlichkeit. Du weißt genau, woher er kommt, und du hast ihn selbst respektvoll behandelt und durch sorgfältiges Töten und Ausbluten seine bestmögliche Qualität erhalten. Schon der erste Bissen zeigt den Unterschied zu kommerziell gefischten oder nicht nachhaltig gezüchteten Fischen. Du genießt zartes Fleisch mit dem reinen Geschmack von Wasser und Wildnis. Fisch liefert nicht nur Eiweiß, sondern auch genau die Nährstoffe, die wir brauchen, um uns ausgewogen und gesund zu ernähren. Diese Kraft kommt unverfälscht aus der Natur, und frisch geangelter Fisch ist das Bindeglied zwischen uns und der Wildnis, die uns ernährt. Wer seinen Fisch selbst angelt, entscheidet auch über Qualität und Herkunft. Statt auf Fisch aus kommerziellen Quellen zu setzen, entnehmen wir bewusst nur das, was unsere Gewässer hergeben und verkraften können. Eine maßvolle Entnahme sichert zudem, dass dieses einzigartige Powerfood auch für kommende Generationen verfügbar bleibt.

VERWERTE MÖGLICHST ALLES VON DEINEM FANG

Du hast einen schönen Fisch gefangen, er hat dir eine gute Zeit und ein besonderes Erlebnis geschenkt. Es ist gut, dass du diesen Fisch auch mit nach Hause nimmst und essen möchtest. Verwerte den Fisch aber bitte immer so vollständig wie möglich, um ihm deinen Respekt zu zollen. Nicht nur das schiere Filet ist delikat, es schmeckt viel besser mit entschuppter Haut. Aus Gräten, Köpfen und grätenreichen Fleischabschnitten kann außerdem eine delikate Suppe hergestellt werden.

Flammlachs, selbst gemacht.

VORTEILE VON FRISCHEM FISCH

- Hochwertiges Eiweiß – leicht verdaulich und perfekt für Muskelaufbau und Regeneration
- Omega-3-Fettsäuren – stärken Herz und Kreislauf, wirken entzündungshemmend.
- Vitamine und Mineralstoffe – liefern Energie und unterstützen das Immunsystem.
- Absolute Frische – direkt vom Wasser auf den Teller für vollen Geschmack und Nährstoffe
- Nachhaltigkeit – klarer Ursprung, keine Überfischung, keine Industrie

FRISCHER GEHT NICHT

Zwischen Fang und Pfanne liegen oft nur Minuten. Keine Kühlkette, keine Verpackung. Nur der kurze Weg vom Wasser zur Pfanne oder zum Grill. Diese Frische ist unschlagbar. Der Fisch behält sein volles Aroma, seine Nährstoffe und die Kraft, die ihn in der Natur so stark und überlebensfähig gemacht hat. Einen selbst gefangenen Fisch zu essen, verändert die Beziehung zu Nahrung. Du hast ihn gefangen, versorgt und zubereitet. Das schafft Bewusstsein und Dankbarkeit. Du genießt langsamer, aufmerksamer. Hinter diesem Essen stecken Natur, Geduld und Respekt. Frischer Fisch ist kein Lifestyle-Produkt, sondern Teil unserer Ursprünge. Wer ihn selbst fängt, verbindet sich mit der Natur und entdeckt, dass echtes Powerfood nicht aus der Dose kommt, sondern aus dem Wasser. Direkt, ehrlich und im Einklang mit der Natur.

Meerforelle vom Blech – frisch aus dem Ofen

DER FISCH NACH DEM FANG

Fisch ist empfindlich. Wer ihn respektvoll behandelt, wird mit Geschmack und Frische belohnt, die man nirgendwo kaufen kann.

DRILL NICHT ZU ZÖGERLICH

Die Grundlage für hochwertige Fischqualität beginnt beim Drill. Jeder unnötig lange Kampf laugt den Fisch aus und setzt Milchsäure in seinen Muskeln frei, was das Fleisch qualitativ negativ beeinträchtigt. Stell deine Bremse deshalb immer sauber ein, halt konstant Spannung und führ den Fisch kontrolliert aber bestimmt in Richtung deines Keschers. Ein zu zögerlicher Drill stresst das Tier ebenso wie brutales Herausreißen. Ziel ist ein kurzer und beherzter Drill, der den Fisch nicht völlig erschöpft zum Ufer bringt. Ansonsten wäre es auch nur schwer möglich, den Fisch gegebenenfalls wieder in sein Element zurückzusetzen. Ein großer, gummierter Kescher verhindert Verletzungen der Schleimhaut und macht es möglich, den Fisch bis zur letzten Sekunde seines Lebens im Wasser zu halten.

SCHNELLES UND SAUBERES TÖTEN

Wenn du den Fisch entnehmen möchtest, töte ihn sofort und fachgerecht. Ein gezielter, kräftiger Schlag auf den Kopf, gefolgt vom Herzstich oder einem Kiemenrundschnitt zum Ausbluten. Das rasche Ausbluten ist entscheidend, denn es sorgt für beste Fleischqualität und erhält eine gute Haltbarkeit. Verzögerungen oder unsauberes Töten sind nicht nur unethisch, sondern mindern die Fleischqualität deutlich. Fisch ist empfindlicher und verderblicher als fast alle anderen Lebensmittel. Nach dem Töten gehört er so schnell wie möglich an einen kühlen Ort. Eine Isoliertasche oder Kühlbox mit Kühlakkus ist ideal, im Notfall hilft ein feuchtes, sauberes Tuch und ein schattiger

Hornhechte sind ein leckerer Frühlingsgast an der Ostseeküste.

Kliesche, Flunder, Scholle (von links nach rechts).

SPIEL NICHT MIT DEINEM FISCH!

Drill deinen Fisch nicht länger, als es für eine sichere Landung notwendig ist. Ein kurzer Drill sorgt dafür, dass die Muskulatur des gelandeten Fisches nicht übersäuert, die Fleischqualität in der Küche sehr gut ist. Auch das Zurücksetzen ist dann für den Fisch besser verträglich.

und idealerweise auch luftiger Platz. Lass den Fisch bitte niemals in der Sonne liegen, schon gar nicht in einem Plastikbeutel. Bereits eine kurze Erwärmung oder ein Stich in heißer Sonne lassen ihn Aroma und Festigkeit einbüßen.

SAUBER AUSNEHMEN UND VORBEREITEN

Das Ausnehmen sollte zeitnah und sauber erfolgen. Entferne die Innereien sorgfältig, spül den Fisch mit sauberem, kaltem Wasser und trockne ihn mit einem Handtuch ab. Wer filetiert, sollte dies mit einem scharfen und speziellen Filetiermesser tun, um saubere Schnitte zu erhalten und keinen wertvollen Fisch zu verschwenden. Hier zahlt sich Sorgfalt doppelt aus - für die Hygiene und den Geschmack. Bis zur Zubereitung gehört der Fisch weiterhin kühl gelagert, am besten nur knapp über dem Gefrierpunkt, aber nicht gefroren. Eine mit Eis oder Kühlakkus bestückte Box hält ihn auch am Wasser stundenlang frisch. Vermeide direkten Kontakt zwischen Fisch und Schmelzwasser, damit das Fleisch nicht auslaugt. Je kürzer die Zeit zwischen Fang und Zubereitung, desto besser. Ein Fisch, der wenige Stunden zuvor noch im Wasser war, ist unvergleichlich fest im Fleisch, voller Aroma und reich an Nährstoffen. Diese einzigartige Frische ist der große Vorteil des Anglers gegenüber jedem Supermarkt und sogar dem Frischfischhandel.

DER FISCH IN DER KÜCHE

Zwischen Fang und Pfanne liegen oft nur wenige Stunden. Doch Fisch ist empfindlich. Wer ihn hochwertig verwerten möchte, muss von der Versorgung am Wasser bis zur Zubereitung achtsam sein. Dann entfaltet er volles Aroma und bewahrt seine unvergleichliche Frische.

DER LUXUS DER FRISCHE

Braten, Dünsten, Grillen oder Dämpfen – all diese Zubereitungsarten erhalten den zarten Eigengeschmack unserer wertvollen Fänge. Halt dich dabei am besten an das Prinzip „weniger ist mehr“. Ein wenig Salz, Pfeffer, frische Kräuter und ein Spritzer Zitrone genügen. Verzichte auf schwere Panaden oder Saucen, die den natürlichen Geschmack überdecken. Wenn du den Fisch nicht sofort zubereiten kannst, ist Kühlung entscheidend. Bei knapp über null Grad bleibt er zwei bis drei Tage unverfälscht im Geschmack und knackfrisch. Verpack ihn am besten luftdicht in einem Behälter oder deck ihn mit Frischhaltefolie ab, um ihn vor Austrocknung und Fremdgerüchen im Kühlschrank zu schützen. Nicht immer lässt sich der Fang direkt verwerten. Hier kommen ein paar bewährte Konservierungsmethoden ins Spiel.

Einfrieren: Die einfachste und effektivste Methode. Den Fisch küchenfertig vorbereiten, luftdicht verpacken (Vakuumieren ist ideal) und bei minus 18 Grad einfrieren. So hält er mehrere Monate seine Qualität.

Räuchern: Eine traditionelle Form der Haltbarmachung, die zugleich einzigartiges Aroma verleiht. Geräuchert lässt sich Fisch gekühlt eine Woche lagern oder ebenfalls einfrieren.

Einlegen: Fisch in Salzlake, Essig oder Öl einzulegen, war früher Standard. Heute ist es eher eine Delikatesse, aber es verlängert die Haltbarkeit und bringt Abwechslung in die Küche.

Trocknen: Dünn geschnitten, eingesalzen und an der Luft oder im Dörrgerät getrocknet, ist Fisch monatelang haltbar. Dies ist eine alte, aber nachhaltige Methode.

NACHHALTIGE VERWERTUNG – ALLES NUTZEN

Respektvoller Umgang bedeutet auch: so wenig wie möglich wegwerfen. Gräten, Köpfe und Abschnitte eignen sich hervorragend für kräftige Fischfonds und Suppen. Selbst die Haut kann, knusprig gebraten, zur Delikatesse werden. Wer den gesamten Fisch verwertet, schont Ressourcen und erlebt, wie vielfältig dieses Lebensmittel wirklich ist.

KLEINE OUTDOOR-KÜCHE

Der Duft von gebratenem Fisch mischt sich mit der klaren Luft, während das Plätschern des Wassers den Hintergrund bildet. Näher an der Natur kann man kaum essen. Eine kleine Outdoor-Küche reicht dabei völlig aus, um diesen Moment perfekt zu machen.

WENIGER IST MEHR: DIE GRUNDAUSSTATTUNG

Für das Kochen draußen gilt das Prinzip der Einfachheit und des Minimalismus. Alles, was du brauchst, passt in einen kleinen Rucksack:

Kompakter Kocher: Gas- oder Spirituskocher sind unkompliziert und hinterlassen keine Spuren. Ein Hobo-Kocher nutzt kleine Holzstücke und ist ideal für alle, die gerne noch etwas ursprünglicher kochen.

Leichte Pfanne oder Topf: Am besten aus Edelstahl oder Titan, robust und einfach zu reinigen. Eine kleine Pfanne reicht, um Fischfilets oder ganze kleine Fische zuzubereiten.

Schneidebrett und scharfes Messer: Für das Filetieren oder Portionieren draußen im Gelände unverzichtbar.

Fischburger deluxe aus Brassenfilet

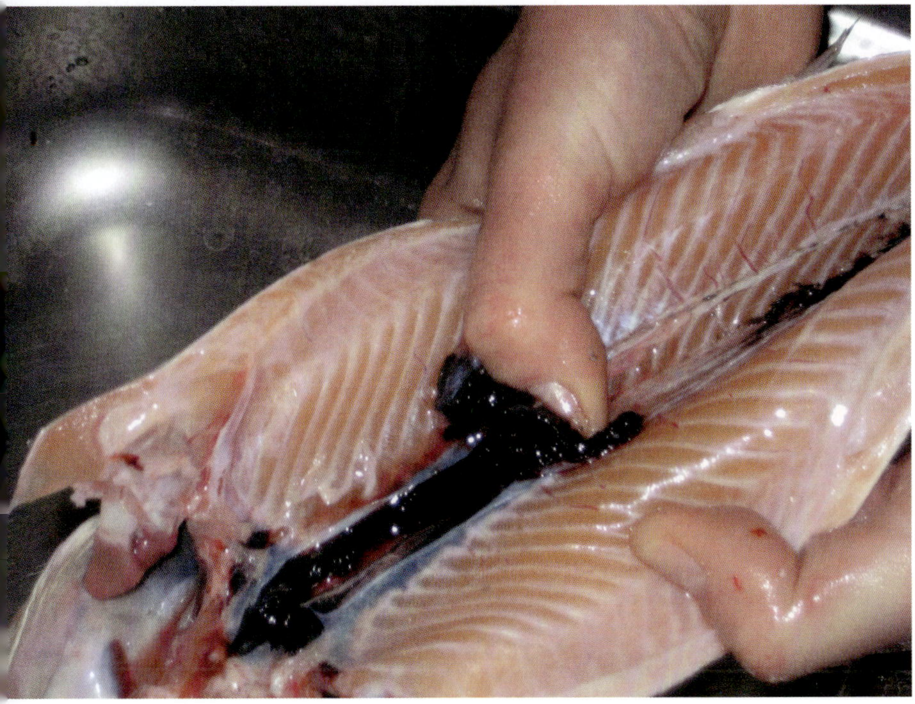

Die Niere des Fisches muss immer sorgfältig entfernt werden.

DIE 5 GOLDENEN REGELN FÜR BESTE FISCHQUALITÄT IN DER KÜCHE

Schnell verarbeiten: Je kürzer der Weg vom Wasser in die Küche ist, desto besser.

Sauber arbeiten: Scharfe Messer und Hygiene sind Pflicht.

Kalt halten: Fisch immer knapp über null Grad lagern

Schonend garen: Wenige Zutaten, niedrige Temperaturen, kurze Garzeiten.

Alles verwerten: Gräten, Haut, Abschnitte verwerten – vom Hecht schmeckt auch die Leber.

Der kluge Angler sorgt vor (wenn mal nichts beißt).

Gewürze: Salz, Pfeffer und ein paar einfache Kräuter wie getrockneter Dill oder Petersilie bringen Geschmack ohne Aufwand.
Essgeschirr: Ein Teller oder Emaillebecher, Besteck – leicht, robust und selbstverständlich wiederverwendbar.

SAUBERKEIT UND RESPEKT

Beim Kochen am Wasser gilt eine klare Regel: Hinterlass keinen Müll und keine Spuren und geh gewissenhaft mit Feuer um. Nutze biologisch abbaubares Spülmittel, entsorg Reste ordnungsgemäß und pack alles wieder ein. Wer Feuer macht, sollte nur auf bestehenden Feuerstellen oder im Hobo-Kocher kochen. Der große Vorteil einer Outdoor-Küche ist die Frische. Es gibt keinen Kühlschrank, keine langen Wege. Dein Fisch kommt direkt vom Haken! Kleinere Fische lassen sich im Ganzen braten oder grillen, größere filetierst du direkt am Platz. Ein wenig Öl in der Pfanne, eine Prise Salz und Pfeffer, vielleicht etwas Mehl zum Bestäuben - mehr braucht es tatsächlich nicht. Der Eigengeschmack ist es, der klar, mild und unverfälscht überzeugt.

3 EINFACHE OUTDOOR-REZEPTE FÜR ANGLER

Gebratener Fisch in der Pfanne

1. Fischfilets leicht salzen und pfeffern, in etwas Öl goldbraun braten.
2. Dazu passt frisches Brot oder Kartoffeln, in der Glut gegart.

Fisch am Stock über der Glut

1. Filetstücke auf saubere Weidenstöcke spießen.
2. Langsam über der Glut drehen, bis der Fisch gar ist.

Fisch in Folie gegart

1. Fischfilet mit Kräutern und Öl in hitzefeste Folie oder Backpapier wickeln.
2. Direkt in die Glut oder auf den Hobo-Kocher legen und 10 bis 15 Minuten garen.

KREATIVE VARIANTEN

Auch unterwegs kannst du Abwechslung schaffen. Eine einfache Fischsuppe aus Gräten, Köpfen und Kräutern wärmt an kühlen Tagen. Oder du räucherst einen Fisch improvisiert über dem Hobo-Kocher – das verleiht einzigartiges Aroma und verlängert die Haltbarkeit. Alles, was du mitbringst, nimmst du wieder mit. Reste werden sorgfältig entsorgt oder in kleinen Dosen mitgenommen. So bleibt dein Angelplatz mindestens so sauber, wie du ihn vorgefunden hast.

VOM KOPF BIS ZUM SCHWANZ

Der Ansatz „*from nose to tail*", also den Fisch von Kopf bis Schwanz zu verwerten, ist nicht nur ein Zeichen von Respekt gegenüber dem Lebewesen, sondern eröffnet auch kulinarische Möglichkeiten, die viele Angler noch gar nicht kennen.

DER ERSTE SCHRITT

Nach dem Fang beginnt alles mit einer sauberen und präzisen Verarbeitung. Filetier den Fisch sorgfältig, um möglichst wenig Fleisch an den Gräten

Knuspriges Filet vom Rapfen aus der Pfanne

CHECKLISTE FÜR DIE KLEINE OUTDOOR-KÜCHE

1. Kompakter Kocher oder Hobo-Kocher
2. Pfanne oder Topf (Edelstahl/Titan)
3. Schneidebrett und scharfes Messer
4. Gewürze (Salz, Pfeffer, Kräuter)
5. Öl oder Butter
6. Teller, Becher, Besteck
7. Biologisch abbaubares Spülmittel
8. Müllbeutel für einen sauberen Platz

Brassen (links) und Karpfen (rechts) werden vom Autor filetiert. Nach der Jahrtausendwende machte Jörg Strehlow das Zubereiten dieser häufigen und grätenreichen Fische auf Messen in seinen Kochshows populär. Später war die Knusper-Grundel der Star in seiner Showküche.

zu lassen. Wer übt, kann nahezu verlustfrei arbeiten – und die Abschnitte, die dabei übrig bleiben, sind keineswegs Abfall, sondern Basis für Suppen und Brühen. Kopf, Gräten und Schwanz sind ideal für einen klaren Fischfond. Einfach in einem kleinen Topf oder Feldkessel mit Wasser, Salz, Pfefferkörnern und ein paar Kräutern aufkochen und leise ziehen lassen. So entsteht eine aromatische Basis für Suppen oder Saucen, perfekt für längere Outdoor-Touren oder für zu Hause. Selbst im Freien lässt sich so mit wenig Aufwand ein kräftiger Sud herstellen, der wärmt und satt macht. Die Haut vieler Fischarten ist essbar und wird bei richtiger Zubereitung zu einem knusprigen Leckerbissen. Einfach nach dem Filetieren leicht salzen und in einer heißen Pfanne ohne zusätzliches Fett knusprig ausbraten. Sie schmeckt intensiv und ist am Wasser schnell zubereitet. Abschnitte und kleinere Fleischreste, die beim Filetieren übrig bleiben, lassen sich zu einer Farce oder Frikadellenteig verarbeiten. Die Fleischreste fein hacken oder pürieren, mit Gewürzen, Ei und etwas Paniermehl mischen und zu kleinen Bällchen formen. In der Pfanne gebraten oder in Brühe

VERMEIDE UND SAMMLE MÜLL

Es liegt in unserem größten Interesse, naturnahe und saubere Gewässer zu beangeln und ihre Eigenarten sowie die örtliche Tier- und Pflanzenwelt zu erhalten oder zu entwickeln. Müll und Abfälle sollen daher keine Chance am Wasser haben. Nimm immer einen Abfallsack für deinen Unrat mit und sammle auf jeder Tour zudem den Müll anderer Gewässernutzer ein.

NIMM AUCH MAL DIE HÄUFIGEREN ARTEN MIT

Leg deinen Köder auch auf häufigere Fischarten wie Brassen oder Grundeln aus. Solche Fischarten machen oft richtig viel Fischmasse eines Gewässers aus und sollten daher bevorzugt entnommen und verwertet werden. So erfüllst du deinen Auftrag, ausgewogene Fischbestände in unserem Angelgewässer sicherzustellen, und leistest einen grundlegenden Beitrag zur nachhaltigen, positiven Entwicklung deines Angelgewässers.

gegart, ergeben sie eine schmackhafte Ergänzung zur klassischen Fischküche. Ideal für draußen, weil sie einfach und schnell zuzubereiten sind.

NACHHALTIGKEIT UND RESPEKT AM WASSER

„From nose to tail" ist nicht nur eine Kochtechnik, sondern eine Haltung. Es bedeutet, den Fisch als Ganzes zu sehen und jede essbare Komponente zu würdigen. Dieser Ansatz reduziert Abfälle, spart Ressourcen und vertieft die Verbindung zwischen Angler und Natur. Wer seinen Fang vollständig nutzt, genießt bewusster, weniger, nachhaltiger und intensiver. Es ist ein bewusster, respektvoller Umgang mit dem, was die Natur uns schenkt, und eine Rückkehr zu alten, fast vergessenen Küchenweisen. Wer am Wasser so kocht, erlebt Angeln nicht nur als Hobby, sondern als Teil eines ursprünglichen Kreislaufs mit echter Wertschätzung für jeden einzelnen Fisch.

Edle Delikatesse aus dem Bach – zwei herrliche, wild gewachsene Bachforellen.

Diese Meerforelle wird ablaichen und die Zukunft ihrer Art sichern.

Angeln braucht eine Zukunft

Wir sind nicht nur Nutzer der Natur, sondern auch ihre Hüter. Jeder Gang ans Wasser, jede Stunde mit der Rute in der Hand ist eine stille Verpflichtung, zum Schutz unserer Gewässer und der Lebewesen, die sie beheimaten.

DER NACHHALTIGE KREISLAUF

Früher war das Angeln für unsere Vorfahren eine Frage des Überlebens. Sie entnahmen, was sie brauchten, und sorgten dafür, dass genug für morgen blieb. Heute ist das Angeln nicht mehr lebensnotwendig - und genau darin liegt unsere Verantwortung. Wir dürfen nur so angeln, dass die Gewässer im Gleichgewicht bleiben. Nachhaltiges Angeln heißt, sich in einen Kreislauf einzufügen, der lange vor uns existierte und noch lange nach uns bestehen soll. Schonendes Verhalten beginnt mit einfachen Dingen. Nur so viele Fische entnehmen, wie man wirklich verwerten kann, Schonzeiten und Mindestmaße beachten, respektvoll mit dem Lebensraum umgehen. Diese Regeln sind keine bürokratische Last, sondern der Schlüssel dazu, dass unsere Kinder und Enkel dieselben Momente am Wasser erleben können wie wir. Es kann zum Beispiel sinnvoller sein, einen Fisch zurückzusetzen, als ihn zu entnehmen. Ein kapitaler Laichfisch sichert den Bestand weit mehr, als er uns auf dem Teller erfreut. Ressourcenschonung bedeutet aber auch: Hinterlass deinen Angelplatz sauberer, als du ihn vorgefunden hast. Müll, Schnurreste oder Köderdosen haben am Wasser nichts verloren. Jeder eingesammelte Abfall, selbst wenn er nicht von uns stammt, ist ein kleiner Beitrag zum Erhalt unseres Angelparadieses.

ANGELN IST PFLEGE

Angler sind oft die ersten, die problematische Veränderungen an ihren Gewässern bemerken. Sinkende Wasserstände, Verlandungen, Verschmutzungen, Fischkrankheiten. Wer regelmäßig draußen ist, entwickelt einen wachen Blick für diese Zeichen. So werden wir zu den stillen Wächtern der Natur. Viele Angelvereine leisten hier wertvolle Arbeit. Sie pflegen Uferbereiche und Wasserpflanzen oder beteiligen sich an Wiederansiedlungs-Projekten für bedrohte Fischarten und andere Lebewesen im Biotop. Ein selbst gefangener Fisch ersetzt industriell produzierte Nahrung. Wer selbst angelt, weiß, woher sein Essen kommt, und reduziert den Druck auf globale Fischbestände, die oft durch Überfischung bedroht sind. Bewusstes Angeln ist eine Alternative zu anonymem Fischkonsum. Es macht uns unabhängig von Transportwegen und industrieller Verarbeitung und schenkt uns Nahrung, die unverfälschter nicht sein kann. Die kleine Outdoor-Küche, in der wir

1

2

1. Angler beim Besuch in der Verwaltung des Biosphärenreservats in Hitzacker.

2. Angeln ist Bewegung in der Natur und ganz viel frische Luft!

unseren Fang direkt am Wasser zubereiten, ist nicht nur Genuss. Sie ist zugleich Ausdruck von Achtsamkeit und steht für eine Rückkehr zu einem einfachen Prinzip: Nehmen, was die Natur uns gibt. Und es vollständig nutzen, ohne Verschwendung.

ANGELN IST NICHT GLEICH FISCHE FANGEN

„Na, was hast du gefangen?" Diese häufig gestellte Frage zeigt, wie tief die Vorstellung sitzt, dass Angeln nur dann erfolgreich ist, wenn am Ende ein Fisch im Kescher liegt.

DIE KUNST DES WARTENS

Doch wer die Ruhe am Wasser liebt, weiß: Angeln ist nicht gleich Fische fangen! Es ist ein Erlebnis, das weit über das reine Ergebnis hinausgeht. Angeln ist ein Spiel mit der Zeit. Es zwingt uns zu einem Tempo, das wir im Alltag längst verloren haben. Während andere von Termin zu Termin hetzen, sitzen wir still am Ufer und beobachten das Wasser. Jeder Wurf, jeder Moment des Wartens wird Teil einer Erfahrung, die nicht vom Fang abhängt. Manchmal ist es gerade dieser „leere" Tag ohne Biss, der uns am

NIMM NUR MIT, WAS DU AUCH ESSEN KANNST

Hol nicht mehr Fische aus dem Wasser, wie du selbst oder zusammen mit deiner Familie verzehren kannst. Beachte Fangbeschränkungen und halte Maß, auch im Urlaub an fischreichen Revieren oder in Ausnahmesituationen (Niedrig-, Hochwasser, Sauerstoffmangel).

tiefsten mit der Natur verbindet. Der wahre Wert des Angelns liegt nicht im Zählen von Fischen, sondern im Erleben: im Morgengrauen, das den Nebel vom Wasser hebt, im Ruf des Eisvogels, der über die Strömung schießt, oder im Gefühl der feuchten Erde unter den Stiefeln. Es sind diese Sinneseindrücke, die bleiben, wenn der Kescher leer bleibt. Angeln lehrt uns, wieder zu sehen, zu hören und zu fühlen. Wir beginnen, Strömungen zu lesen, Spuren im Uferbereich zu deuten, kleine Bewegungen auf der Wasseroberfläche wahrzunehmen. All das hat nichts mit dem Gewicht auf der Waage zu tun. Aber sehr viel mit Achtsamkeit!

NATURVERBUNDENHEIT STATT JAGDINSTINKT

Wer draußen sitzt, spürt, wie die Hektik der Welt abfällt. Das Angeln wird zu einem Rückzugsort. Einem Raum, in dem es nur um den Moment geht, nicht um Leistung oder Vergleich. Diese Haltung verändert auch unseren Umgang mit den Fischen selbst. Ein entnommener Fisch wird dann nicht zur Trophäe, sondern zu einem bewusst genutzten Lebensmittel. Und ein zurückgesetzter Fisch ist kein verlorener Fang, sondern er ist ein Ausdruck von Respekt und Verantwortungsgefühl. Nachhaltiges Angeln beginnt in diesem Bewusstsein: Nicht jeder Biss muss zum Fang werden, und nicht jeder Fang muss in die Küche wandern. Maßvolles Entnehmen und das Zurücksetzen gesunder, großer Fische sind kein Verzicht, sondern ein Beitrag, das Gleichgewicht der Gewässer zu bewahren.

ENTSCHLEUNIGUNG ALS GEGENPOL ZUM ALLTAG

In einer Welt, die immer schneller wird, ist Angeln eine der letzten Bastionen der Langsamkeit. Der Langeweile in ihrem positivsten Sinn. Stunden vergehen, ohne dass etwas geschieht. Wir lernen, wieder still zu sitzen, zu beobachten, zu atmen. Diese Entschleunigung ist ein Geschenk, das wir nicht kaufen können. Sie erdet uns, lässt uns klarer denken und gibt uns eine Ruhe zurück, die uns im Alltag gelassener und resilienter macht. Wer versteht, dass Angeln nicht mit dem Fangen gleichzusetzen ist, ent-

Entschleunigung kann besser sein als der dickste Fang.

deckt einen ganz neuen Zugang. Das Gewässer wird zum Rückzugsort, die Rute zum Schlüssel für Momente, die nichts kosten und doch unbezahlbar sind. Die Leere im Kescher wird unwichtig, weil die Fülle des Erlebens sie längst ersetzt hat. Angeln ist nicht immer Fische fangen. Aber es schenkt uns Ruhe, Naturverbundenheit und Bewusstsein. Nicht das Ergebnis, sondern für den Weg dorthin.

ANGELN IST COOL

Wer früher von seinem Angelhobby erzählte, musste oft mit einem Schmunzeln rechnen. Angeln galt als altmodisch, als etwas für Rentner in Gummistiefeln, die stundenlang am Wasser saßen. Doch diese Zeiten sind vorbei!

GEH BEWUSST MIT DEINEM WISSEN UND SPIELRÄUMEN UM

Wissen ist Macht, auch beim Angeln. Missbrauch deine Macht nicht, sondern setz sie im Sinne einer zukunftsfähigen Entwicklung der Bestände ein. Nicht ausschließlich, um mehr zu fangen. Sollte ein Pächter oder Verein zudem eine sehr großzügige Fischereiordnung haben, musst du den vorgegebenen Spielraum nicht unbedingt ausnutzen. Verantwortungsbewusstes Handeln kann zum Beispiel so aussehen, dass du statt mit drei erlaubten nur mit zwei Ruten angelst oder für dich persönlich ein Fanglimit definierst.

DER NEUE ZEITGEIST AM WASSER

Heute ist Angeln modern, vielseitig und längst in der Mitte unserer Gesellschaft angekommen. Immer mehr Menschen entdecken es als Ausgleich zum Alltag, als Weg zurück zur Natur und als bewusste Form, Lebensmittel selbst zu gewinnen. Wir leben in einer Welt, die immer schneller und digitaler wird. Termine, Bildschirme und ständige Erreichbarkeit bestimmen unseren Alltag. Kein Wunder, dass das Bedürfnis nach Ruhe, Einfachheit und echten Erlebnissen wächst. Genau hier trifft Angeln den Nerv der Zeit. Es ist zugleich entschleunigend, naturverbunden und ein Abenteuer, das sich mit Freunden oder alleine erleben lässt. Die wachsende Zahl junger Angler zeigt, dass Angeln längst nicht mehr nur ein Nischenhobby ist. Es ist ein Lifestyle geworden, der Freiheit, Achtsamkeit und Nachhaltigkeit miteinander verbindet. Auch Social Media spielt dabei eine Rolle. Dort haben Fotos von traumhaften Landschaften, spektakulären Fischen und entspannten Momenten am Lagerfeuer das Angeln einer breiten Öffentlichkeit sichtbar gemacht und gezeigt, wie vielfältig es sein kann.

MEHR ALS NUR EIN TREND

Doch Angeln ist mehr als ein kurzer Hype. Es passt perfekt in das Bewusstsein einer Generation, die wieder Wert auf Ursprünglichkeit legt. Selbst gefangener Fisch ist nicht nur frischer und ehrlicher als jeder Supermarktfund. Er erzählt auch die Geschichte vom frühen Aufstehen, vom leisen Beobachten am Wasser, vom Moment

POSTE BEWUSST AUF SOCIAL MEDIA

Repräsentiere das Angeln auch in den sozialen Medien waidgerecht und vorbildlich – hier kann ein positiver Beitrag viele Menschen erreichen, wenn er sich viral verbreitet. Ein negativer allerdings auch! Deshalb bitte keine unglücklich oder von außen gehakten Fische zeigen, keine blutenden oder schmutzigen Fische. Und ruhig auch mal mutig kommentieren, wenn ein Fang augenscheinlich nicht waidgerecht behandelt wurde.

des Bisses. Und von der Verantwortung, die man übernimmt, wenn man einen Fisch entnimmt oder zurücksetzt. Die neue Generation von Anglern bringt eine Haltung mit, die dem Angeln guttut. Nachhaltigkeit ist für sie kein Schlagwort, sondern selbstverständlich. Schonendes Zurücksetzen, gemeinsames Müllsammeln am Ufer und die bewusste Entscheidung, nur so viel zu entnehmen, wie man wirklich braucht – das alles ist gelebte Praxis. Wer angelt, wird unweigerlich zum Naturschützer. Man erlebt die Gewässer hautnah, sieht ihre Schönheit und ihre Verletzlichkeit. Es ist kaum möglich, stundenlang an einem klaren Fluss zu sitzen und nicht zu spüren, wie wertvoll er ist. Wertvoller als jede Spielekonsole, jedes Auto und jede Immobilie. Diese Erfahrung macht Angler zu Botschaftern für die Natur und zu bewussten Konsumenten.

Eine leckere Mahlzeit, direkt am Wasser genossen, macht zufrieden, satt und glücklich.

GEMEINSCHAFT UND ERLEBNIS

Angeln hat sich auch gesellschaftlich gewandelt. Es ist nicht mehr nur das stille Hobby für Einzelgänger. Ob in Vereinen, Freundesgruppen oder Familien, immer mehr Menschen erleben Angeln als gemeinsames Abenteuer. Ein Wochenende am Wasser mit Freunden, die Kinder beim ersten Fisch, gemeinsames Kochen direkt am Ufer. Angeln schafft zahllose Momente, die sich tiefer einprägen als jeder Rekordfang. Das Angeln ist in den letzten Jahren jünger, moderner und gleichzeitig bewusster geworden. Es zeigt uns, dass wir Teil der Natur sind, und schenkt uns einen Ausgleich, den viele lange gesucht haben. Ehrlich, zeitlos und – cool!

ANGELN IST NATURSCHUTZ

Kein anderes Hobby bringt uns so unmittelbar in Kontakt mit Gewässern, ihren Bewohnern und den Lebensräumen drumherum. Wer angelt, sieht die Natur nicht nur, er erlebt sie. Und spürt das Bedürfnis, ihr zu helfen und sie zu bewahren.

NATURSCHUTZ BEGINNT MIT BEOBACHTUNG

Angler sind so ein bisschen die Polizei am Wasser. Sie sehen, wenn ein Uferbereich erodiert, wenn das Wasser trüb wird oder invasive Pflanzen überhandnehmen. Sie erleben, wenn Fischbestände zurückgehen oder neue Arten auftauchen. Diese Erfahrungen machen uns zu Botschaftern für unsere Gewässer. Und zu denjenigen, die Maßnahmen ergreifen können, bevor Probleme unlösbar werden. Viele Angelvereine und Verbände übernehmen hier eine wichtige Rolle. Sie melden Missstände, organisieren Gewässerreinigungen oder beteiligen sich an Artenschutzprojekten. Wer regelmäßig draußen ist, weiß, wie verletzlich ein Ökosystem sein kann und wie wichtig es ist, es zu pflegen. In vielen Vereinen und Verbänden, aber auch bei zahlreichen privaten Gewässerpächtern, wird deshalb ordentlich angepackt und viel Zeit und Geld investiert. Mit Knochenarbeit werden Laichsubstrate eingebracht, um den Fischen bessere

Ein Müllsack ist bei richtigen Anglern immer in der Hosentasche.

Fortpflanzungsbedingungen zu schaffen. Ufergehölze und Bewuchszonen im Flachwasser werden angelegt, die das Gewässer beschatten und Lebensräume schaffen – gerade in Zeiten des Klimawandels unverzichtbar. Und es werden aufwändige Wiederansiedlungsprogramme für gefährdete Arten wie Äschen, Barben, Lachse und Meerforellen umgesetzt. Übrigens auch für Kleinfische, deren Bestände gefährdet sind – auch wenn sie niemals von den Anglern gezielt als Beute befischt werden. Echter Naturschutz geht nur selbstlos! Diese Arbeiten sind stille, aber wirksame Formen des Naturschutzes. Getragen von Menschen, die ihre Gewässer lieben.

Natur lieben bedeutet Natur schützen.

MÜLL SAMMELN UND BEWUSSTSEIN SCHAFFEN

Wer angelt, sieht leider auch die Schattenseiten, wie achtlos weggeworfene Verpackungen, alte Schnurreste oder Glas am Ufer. Viele Angler machen es sich zur Gewohnheit, bei jedem Ansitz etwas Müll mitzunehmen, auch wenn er nicht von ihnen stammt. Jeder saubere Platz zeigt, dass hier jemand Verantwortung übernommen hat. Darüber können Angler wertvolle Multiplikatoren und Erklärer der Natur sein. Sie sprechen mit Spaziergängern, Kindern oder Interessierten über Fische, Gewässer und Naturschutz. So entsteht echtes Bewusstsein, oft wirkungsvoller als durch jedes Schild oder jede Kampagne. Kein Naturschutzgesetz, kein

SEI VORSICHTIG MIT DEINEN SCHNÜREN

Angelschnüre aus einfädigem Nylon und vor allem mehrfädige geflochtene Schnüre sind aus den weltweit stärksten Kunststoff-Verbindungen hergestellt. Sie verrotten erst nach Jahrhunderten und stellen eine große Gefahr für Wildtiere im und außerhalb des Gewässers dar. Setz diese Schnüre nur mit größter Gewissenhaftigkeit ein und lass niemals ein Stück davon zurück.

Angeln ist mein Leben – von damals in den 70ern bis zum heutigen Tag.

Lehrbuch kann ersetzen, was regelmäßige Stunden am Wasser vermitteln. Wer angelt, begreift intuitiv, dass wir Teil dieser Natur sind – und dass ihr Schutz auch unser Schutz ist. Aus dieser Erkenntnis entsteht Verantwortung. Angeln ist deshalb kein Widerspruch zum Naturschutz, sondern sein praktischer Arm. Es bringt Menschen hinaus in die Natur, lehrt sie jahrtausendealte Rhythmen und sensibilisiert für ihre Zerbrechlichkeit. Wer diesen Bezug einmal gewonnen hat, wird ihn nicht mehr verlieren.

KINDER WERDEN NATUR VERSTEHER

Angeln ist für Kinder eine Schule fürs Leben. Es lehrt Geduld und Respekt, eröffnet den Zugang zur Natur und prägt einen bewussten Umgang mit unseren Ressourcen.

DIE NATUR MIT ALLEN SINNEN ERLEBEN

Wenn Kinder zum ersten Mal eine Angelrute in den Händen halten, passiert etwas Bemerkenswertes: Sie werden ruhiger, konzentrierter und beginnen, ihre Umgebung auf eine Weise wahrzunehmen, die ihnen zuvor fremd war. In einer Welt voller Bildschirme und ständiger Ablenkung ist das Angeln wie ein Tor in eine andere Welt. Plötzlich hören sie den Ruf eines Eisvogels, sehen Libellen über dem Wasser tanzen und entdecken Spuren im Ufersand. Sie lernen, wo Fische leben, wie sich Strömungen verhalten und welche Pflanzen am Wasser wachsen. Dieses Erleben macht sie zu Naturverstehern. Nicht etwa aus Büchern, sondern durch eigene Erfahrung. Wenn ein Kind eine Kaulquappe im Kescher betrachtet oder das Rascheln im Schilf hört, entsteht ein unmittelbares Verständnis dafür, wie vielfältig und empfindlich Ökosysteme sind. Dieses Wissen ist kein trockener Unterrichtsstoff, sondern tief verankert, weil es selbst erlebt wurde.

RESPEKT VOR LEBEWESEN

Angeln zeigt Kindern sehr direkt, dass Fisch kein Produkt aus dem Supermarkt ist, sondern ein Lebewesen. Sie sehen den Moment des Fangs, das Abhaken, das Zurücksetzen oder die verantwortungsvolle Entnahme. Alles Erfahrungen, die prägen. Sie verstehen jetzt, dass jedes Tier, das wir essen, einmal gelebt hat. Und dass wir ihm schon deshalb mit Demut und Wertschätzung begegnen müssen. Kinder, die angeln, entwickeln oft einen natürlichen Respekt gegenüber Tieren. Sie lernen, warum Schonzeiten wichtig sind, warum Laichplätze geschützt werden müssen und weshalb wir nicht mehr entnehmen dürfen, als wir brauchen. Dieser bewusste Umgang legt den Grundstein für verantwortungsvolle Naturschützer. Angeln lehrt Kinder auch etwas, das heute selten geworden ist. Geduld! Wer am Wasser sitzt, hat eine Einladung von Mutter Natur bekommen – zum Beobachten und Lernen. Nicht jeder Wurf bringt einen Fisch, nicht jeder Tag endet mit einem Fang. Statt sofortiger Belohnung gibt es andere, nachhaltigere Erlebnisse. Wie das Aufgehen der Sonne, das Beobachten eines raubenden Hechtes oder die Freude am ersten Biss an der Pose, nach Stunden der Ruhe. Diese Achtsamkeit fördert Konzentration und innere Gelassenheit. Beides Fähigkeiten, die weit über das Angeln hinaus wertvoll sind.

BEWUSSTER KONSUM: FISCH UND FLEISCH MIT HERKUNFT

Kinder, die ihren eigenen Fisch fangen und selbst zubereiten, erleben Nahrung auf eine direkte Weise, die im Alltag von naturfern aufwachsenden Kindern oft fehlt. Sie sehen, wie ein Lebewesen zu einem Lebensmittel wird. Sie lernen den Wert dieser Nahrung zu schätzen. Wer einmal einen selbst gefangenen Fisch geputzt, zubereitet und gegessen hat, versteht, dass Fleisch und Fisch kostbar sind. Kinder konsumieren dann bewusster. Sie fragen früh nach Herkunft und Qualität, denn sie wissen, dass hinter jedem Stück Fleisch oder Fisch das Schicksal eines einst prächtigen und wundervollen Tieres steht. Aus diesem Bewusstsein wächst oft auch die Bereitschaft, weniger, aber besser zu essen. Wenn Kinder beim Angeln Müll aufsammeln oder sehen, wie wichtig sauberes Wasser für Fische ist, oder an einem Tag zur Gewässerpflege teilnehmen, verstehen sie, was Naturschutz ist. Es ist fortan kein abstraktes Konzept mehr: Sauberes Wasser bedeutet gesunde Fische, gesunde Fische bedeuten gute Nahrung.

Wie schön, dass auch mein Sohn seine Leidenschaft für das Angeln gefunden hat!

Ein Herz fürs Angeln, ein Herz für die Natur.

ANGLER SCHAFFEN LEBENSRÄUME

Überall im Land sorgen Anglervereine und -verbände dafür, dass unsere Gewässer gesund bleiben, neue Lebensräume entstehen und heimische Fischarten wie Lachs, Meerforelle, Bitterling, Schmerle oder Quappe zurückkehren können.

NIMM DIR BITTE ZEIT FÜR KINDER

Begegne angelnden Kindern aufgeschlossen, ihrem Alter angemessen und fördere ihre Leidenschaft. Sie sind die Angelnden von morgen und verwalten schon bald die Schätze, die wir ihnen heute übergeben möchten.

LEBENSRÄUME SCHAFFEN, DIE NATUR BRAUCHT UNTERSTÜTZUNG

Viele Fischarten brauchen spezifische Bedingungen, um zu überleben. Der Bitterling etwa ist auf Muscheln angewiesen, um seine Eier abzulegen, die Schmerle braucht saubere Kiesböden, und Lachse und Meerforellen benötigen ungehinderte Wanderwege zu ihren Laichplätzen. Jahrzehntelang haben wir Menschen diese Bedingungen zerstört, Flüsse begradigt, Ufer befestigt und Querbauwerke errichtet, die natürliche und jahrtausendealte Fischwanderungen verhindern. Angler arbeiten daran, das wieder zu ändern. Sie renaturieren Uferzonen, legen Kiesbetten für die Eiablage an und schaffen neue Flachwasserbereiche, die Jungfischen Schutz bieten. In vielen Regionen werden alte Bachläufe geöffnet und Strukturen eingebracht, damit Gewässer wieder naturnah werden. Das ist praktische Naturschutzarbeit, die oft leise geschieht, aber enorme Wirkung entfaltet. Ein Paradebeispiel ist der Lachs. Einst war er in vielen Flüssen Mitteleuropas heimisch, bis Industrialisierung, Verschmutzung und Staubauten ihn fast vollständig verdrängten. Heute engagieren sich Angler gemeinsam mit Naturschutzverbänden und Behörden für seine Rückkehr. Sie beteiligen sich an Wiederansiedlungsprogrammen, setzen Junglachse in geeigneten Flüssen aus und sorgen dafür, dass Querbauwerke durch Fischtreppen passierbar werden. Ähnliche Erfolge gibt es bei der Meerforelle: Viele Küstenregionen verzeichnen dank gezielter Projekte wieder deutlich steigende Bestände.

KLEINE HELDEN

Nicht nur die „großen" Fische verdienen Aufmerksamkeit. Arten wie Bitterling, Schmerle oder Quappe sind stille Zeugen gesunder Gewässer. Angler engagieren sich für diese Fische, indem sie Lebensräume verbessern, Wasserpflanzen setzen oder Muscheln als Laichpartner für den Bitterling ansiedeln. Jede Maßnahme, so klein sie auch scheint, stärkt das Ökosystem insgesamt. Besonders die Quappe, ein früher weit verbreiteter winteraktiver Fisch, profitiert von gezielten Projekten, die Laichplätze optimieren und den Zugang zu Nebenarmen wiederherstellen. Solche Aktionen sind oft unspektakulär, aber sie wirken und machen deutlich, wie stark Angler ihre Gewässer kennen und lieben. All diese Maßnahmen sind keine Einzelaktionen. Sie entste-

Mensch und Natur werden eins.

Da öffnen sich Herzen!

hen aus Zusammenarbeit: Anglervereine arbeiten mit Biologen, Behörden und Naturschutzorganisationen zusammen. Gemeinsame Besatzmaßnahmen, Gewässerkartierungen und Renaturierungsprojekte zeigen, dass Angler keine Gegner des Naturschutzes sind, sondern dessen wichtigste Verbündete. All diese Projekte zeigen: Angeln ist Hinschauen und Handeln. Damit Lachse wieder Flüsse hinaufwandern, Bitterlinge ihre Muscheln finden und unsere Kinder an renaturierten Bächen ihre ersten Fische erleben.

EIN AUSBLICK

Angeln ist eine der ältesten Tätigkeiten der Menschheit. Und doch gewinnt es eine neue, besondere Bedeutung in unserer modernen Welt.

ANGELN ALS GEGENPOL ZUR ENTFREMDUNG

In einer Welt, die immer schneller, digitaler und entfernter von natürlichen Abläufen wird, bietet das Angeln einen direkten Zugang zur Natur, zu regionaler Nahrung und zu einem bewussteren Leben. Die Rolle des Angelns für die Zukunft ist damit größer denn je. Immer weniger Menschen wissen heute noch, woher ihre Lebensmittel kommen oder wie natürliche Kreisläufe funktionieren. Angeln schafft hier einen direkten Bezug. Wer seinen Fisch selbst fängt, erlebt die Natur hautnah, versteht Lebensräume und erkennt, wie empfindlich unsere Ökosysteme sind. Diese Erfahrung erzeugt Respekt und Achtsamkeit. Werte, die wir dringend brauchen, wenn wir die Natur für kommende Generationen erhalten wollen. Das Angeln lehrt einen verantwortungsvollen Umgang mit Ressourcen. Es macht deutlich, dass Fisch nicht einfach ein Produkt aus dem Frische- oder Tiefkühlregal ist, sondern ein Lebewesen als Teil eines komplexen Ökosystems. Wer angelt, nimmt nur, was er verwerten kann, und behandelt diesen Fang mit Respekt. Diese Haltung könnte auch beispielhaft für einen gesellschaftlichen Wandel stehen: Weg vom Überfluss, hin zu einem bewussten, nachhaltigen Konsum.

ANGLER ALS NATURSCHÜTZER

Schon heute engagieren sich Angler für Gewässerpflege, Renaturierung und Artenschutzprojekte. In der Zukunft wird diese Rolle noch wichtiger werden. Angler sind oft die ersten, die Veränderungen in Gewässern bemerken. Sie sehen Verschmutzung, Artenrückgänge oder neue invasive Arten. Ihre Nähe zur Natur macht sie zu wichtigen Verbündeten im praktischen Naturschutz. Angeln bietet zudem etwas, das unsere Gesellschaft dringend braucht: Entschleunigung. Es schafft Räume der Ruhe, fern vom Alltag und der ständigen Erreichbarkeit. Für viele wird es ein Rückzugsort, der Körper und Geist gleichermaßen stärkt. Dazu kommt die verbindende Kraft des Angelns. Ob Generationen in Familien oder neue Freundschaften am Wasser: Angeln schafft Gemeinschaft und bringt Menschen zusammen. Die Rolle des Angelns in der Zukunft geht weit über das Fangen von Fischen hinaus. Es ist eine Brücke zwischen Natur und Gesellschaft, zwischen Genuss und Verantwortung. Angeln zeigt uns, wie eng unser Leben mit der

Wohin geht die Reise für das Angeln?

Natur verknüpft ist. Und wie wichtig es ist, diese Verbindung bewusst zu pflegen, zu schützen und nachhaltig zu entwickeln.

EIN WUNSCH

In einer Welt mit Kriegen, gesellschaftlichen Verwerfungen und der rasanten Verschlechterung klimatischer Bedingungen können einfache und erdende Tätigkeiten große Kraft haben – das Angeln gehört dazu. Wenn ich darüber nachdenke, wie das Angeln in Zukunft aussehen soll, dann wünsche ich mir vor allem, dass wir uns einen stillen, ehrlichen Weg zur Natur zu bewahren. Ganz ohne Wettbewerb, übermäßige Reglementierung und gesellschaftliche Zwänge. Angeln ist mehr als der Fang eines Fisches. Es ist eine Verbindung zur Natur, die uns erdet und entschleunigt. Es ist Nahrung in ihrer ursprünglichsten Form und gleichzeitig gelebter Naturschutz. Für die Zukunft wünsche ich mir, dass wir diesen Kern nicht aus den Augen verlieren. Ich wünsche mir Angeln in einer intakten Umwelt. Saubere Flüsse, lebendige Seen, freie Wanderwege für unsere Fische. Angler sollten nicht nur Nutzer, sondern auch Hüter dieser Lebensräume sein. Wenn wir alle Verantwortung übernehmen, durch Müllsammeln, Gewässerpflege oder den Schutz bedrohter Arten, dann wird Angeln auch in Zukunft eine positive Rolle für Mensch und Natur spielen.

Was werden unsere Kinder einmal an unseren Gewässern vorfinden?

BEWUSSTER UMGANG MIT DEN FISCHEN

Für die Zukunft wünsche ich mir, dass Angeln noch stärker für Achtsamkeit steht. Maßvolle Entnahme statt Überfluss, schonendes Zurücksetzen großer Laichfische und die Wertschätzung für jeden einzelnen Fang. Ein Fisch sollte nicht nur als „Beute" gesehen werden, sondern als das, was er ist, ein Lebewesen und ein Geschenk der Natur. Ich hoffe, dass Angeln weiter seinen Platz als Gegengewicht zu einer hektischen Welt behält. Als Ort, an dem man ungestört sitzen, beobachten und warten kann. Für Kinder und Jugendliche kann es ein wertvoller Weg sein, Geduld, Respekt und Verantwortungsbewusstsein zu lernen. Angeln erreicht Menschen, die Natur und Ressourcen zu schätzen wissen. Ich wünsche mir weniger Konkurrenz und mehr Miteinander. Angeln lebt von geteilten Erlebnissen. Vom Lagerfeuer am See, vom gemein-

samen Staunen über einen Sonnenaufgang, von Gesprächen über Techniken und Erfahrungen. Wenn wir weniger auf Fangzahlen und mehr auf das Erlebnis schauen, bleibt das Angeln ehrlich und menschlich.
Mein Wunsch für die Zukunft des Angelns ist einfach, dass es bleibt, wie es in seinen schönsten Farben ist – naturverbunden, respektvoll und ursprünglich. Wenn wir das bewahren und weitergeben, dann wird unsere Passion auch kommenden Generationen das schenken, was es uns heute gibt. Ruhe, Nähe zur Natur und die Freude am Einfachen.

Manchmal ist es kitschig schön, manchmal macht es aber auch nachdenklich, was wir am Wasser erleben. Bewahren wir die Natur – es ist unsere Pflicht!

Register

Welcher Angelfisch — ist das?

112 Seiten

Dieser praktische Ratgeber stellt die 50 häufigsten Angelfische in Süß- und Salzwasser vor. Zu jeder Art gibt es sowohl ein Foto als auch eine Illustration, um ähnliche Fische sicher zu unterscheiden. Ergänzt werden die Bilder durch kompakte Informationen zu Merkmalen und Lebensweise sowie Fangtipps zu jedem Fisch. Das handliche Format passt in jeden Angelrucksack und ermöglicht schnelles Bestimmen direkt vor Ort

kosmos.de

IMPRESSUM

Mit 129 Farbfotos von Jörg und Jurij Strehlow.
Umschlaggestaltung von Jorge Schmidt unter Verwendung einer Fotografie von Jörg Strehlow.

Der Inhalt dieses Buches ist sorgfältig recherchiert und erarbeitet worden. Dennoch können weder Autor noch Verlag für alle Angaben im Buch eine Haftung übernehmen.

Unser gesamtes Programm finden Sie unter **kosmos.de**.
Über Neuigkeiten informieren Sie regelmäßig unsere Newsletter, einfach anmelden unter **kosmos.de/newsletter**.

MIX
Papier | Fördert gute Waldnutzung
FSC® C110508
FSC
www.fsc.org

Gedruckt auf chlorfrei gebleichtem Papier

Pfizerstraße 5–7 , 70184 Stuttgart
kosmos.de/servicecenter

ISBN 978-3-440-18185-0
Redaktion: Ben Boden
Gestaltungskonzept: Peter Schmidt Group GmbH, Hamburg
Gestaltung und Satz: Text & Bild | Michael Grätzbach, Kernen im Remstal
Produktion: Markus Schärtlein
Druck und Bindung: Westermann Druck, Zwickau
Printed in Germany / Imprimé en Allemagne